[美]罗伯特·文丘里 [美]丹尼丝·斯科特·布朗 [美]史蒂文·艾泽努尔 著

徐怡芳 王健 译

王天甍 校对

向拉斯维加斯学习

江苏凤凰科学技术出版社

致

罗伯特·斯科特·布朗（ 1931—1959 年）

修订版序言

《向拉斯维加斯学习》第一版的价格引起了学生和其他人的不满，所以我们推出了这个修订版。由于将初版进行第二次印刷会使书价增长接近一倍，我们就没有那样做，而是对本书进行了删节，使想读它的人们仍能了解书中的思想。同时，我利用这次机会使书中的论点更加清晰，增加了一点新内容，所以尽管进行了删节，这个新版本未偏离本书的初衷，并且更深入了一步。

被删去的主要是最后一部分，即我们的作品，以及约 1/3 的插图，包括了几乎所有的彩图，以及不能压缩到小页面上的黑白图片。版式的变化进一步降低了成本，但我们希望这一变化同样能有助于将本书的重点从图转向文，并希望它能消除这样一种矛盾：我们对包豪斯设计进行了批评，而我们这本书后来却采用了包豪斯式的书籍设计；我们感觉，第一版采用的“引起好奇心”的现代式书籍设计误传了我们的主旨，而 3 倍行距使得文本难以阅读。

版式和封面的更新使第一篇中的分析与第二篇中的理论更为清晰地表述了我们有意的安排：一种对建筑的象征主义的论述。本书的主题并非拉斯维加斯，而是建筑形式的象征主义。对正文所做的大部分修改（除了纠正错误以及适应新版式方面的修改）都集中于这个焦点。由于同样原因我们加了一个副标题——“建筑形式领域中被遗忘的象征主义”。我们还做了其他一些变更，希望它们能够文雅地“剥离文本的性征”（de-sex the text）。为了遵从当今更明智而人性化的社会习俗，我们在书中提到建筑师时不再以“他”相称。

本书不是回应批评的平台，但出于论辩与精简内容这两重目的，将列出我在其他场合所做的回答。

有人声称我们对拉斯维加斯的研究缺乏对社会的责任感与关切心，对此我们在《论建筑的形式主义和社会关注——谈社会规划者与激进的时髦建筑师》一文中做了回应。

自从《向拉斯维加斯学习》写成以来，拉斯维加斯的光辉曾熄灭了一段时间，并且美国人对汽车和其他资源的信心也第一次动摇了，而后面还可能有一连串危机。高能耗以及充满浪费的城市不是我们对象征主义建筑以及对其他人的价值观的可接受性进行讨论的中心，我曾试着在《能源现场报道》（*On Site on Energy*）中说清缘由。

出于对合著者及合作者的公平方面的要求，罗伯特·文丘里在第一版中的归纳说明事实上几乎被所有的评论家忽略了。由于对自己的贡献受到忽略感到不满，以及不满于建筑师和新闻记者们所归纳的特性，我开始分析建筑师职业的社会结构，其对上层阶级男性的服从性及其从业人员对建筑学界的明星体系的强调。结果便是一篇名为《男性至上主义和建筑领域中的明星体系》（“Sexism and the Star System in Architecture”）的文章。

关于上述内容和其他文章的信息可以在本版所附的与文丘里－劳赫事务所有关的参考书目里找到。这个收录了本事务所成员和其他人的著述的列表是最完整的。我们欢迎读者提供任何遗漏的信息。

自本书出版以来，我们关于建筑中的象征主义的思想已经通过一些不同的项目得到了发展。催生了《向拉斯维加斯学习》的耶鲁大学建筑工作室在次年进行了一项关于郊区居民区的建筑象征主义的研究，名为《供建筑师参考的改良住宅／向莱维敦学习》（“Remedial Housing for Architects, or Learning from Levittown”）。这个材料形成了《生活的标志：美国城市中的符号》(“Signs of Life: Symbols in the American City”)的组成部分，也是我们为史密森学会在兰威克美术馆设计的“国家工艺美术藏品”二百周年纪念展。沿着同样的脉络，文章《象征、标志与美学：多元社会的建筑品位》(“Symbols, Signs and Aesthetics: Architectural Taste in a Pluralist Society”)诠释了建筑象征主义的社会内容，以及建筑师与我们社会中的各类文化品位的关系。此外，《建筑是带装饰的庇护所》(“Architecture as Shelter with Decoration on It”)一文强化了我们关于象征主义的理论。

在耶鲁大学的这两个研究项目中，对建筑学教育提出的问题意义重大，而在《向拉斯维加斯学习》中却几乎没有提及。在这个修订版中，类似于工作室备忘录的文本已经被单独移附在第一篇后面。它以这种形式重建了其原有的某些特性。对建筑学教育、研究及工作室的更深入的思考已在题为《作为设计研究的形式分析，以及工作室教学法笔记》(“On Formal Analysis as Design Research, with Some Notes on Studio Pedagogy”)一文中做了详细的解释。

论及我们的建筑作品的出版物已列在参考书目中。日本杂志《建筑与城市主义》(*Architecture and Urbanism*)已用两期对我们的事务所进行了新而广的介绍。

在我们的研究开始以来的9年里，拉斯维加斯和它的商业带也发生了变化。一些建筑增添了新的翼楼，立面的风格也有了改动。一些标志已不复存在，精致而热闹的霓虹灯已让位于柔和朴素的背部照明的塑料广告板，而后者改变了商业带的规模与活力。停车门廊(Portes Cocheres)现在作为符号信息的载体，成了标牌的竞争对手。

我们感到自《向拉斯维加斯学习》首版以来，书中的原创性观点正在受到越来越多的赞同。我们也觉得建筑师们（除极少数顽固分子外）都正在认识到：我们从拉斯维加斯学习到的东西，以及他们应学习的东西，不仅仅是简单地在香榭丽舍大道上架霓虹灯标牌，或在数学大厦的楼顶上架起一闪一灭的写着“2+2=4”的大牌子，而是对建筑中的象征主义的角色重新进行评价，同时在这个过程中，学习一种新的对别人的品位与价值观的接纳，以及设计中的新的谦逊态度，更多地理解我们作为为社会服务的建筑师的任务。20 世纪最后 25 年的建筑与过去这些年张扬的建筑相比，从社会角度来说将更少强制性，从美学角度来说将更充满活力。我们建筑师能够从罗马和拉斯维加斯学到这一点，也能够从我们周围学到。

丹尼丝・斯科特・布朗

于费城，西芒特艾里（West Mount Airy）

第一版序言

本书第一篇介绍了我们对商业带中的建筑所做的研究。第二篇针对第一篇的研究结果对城市扩张图式和建筑学象征主义进行了概括。

“第 91 号大道贯穿拉斯维加斯，它是商业带的原型，现状完美而且最具活力。我们认为，对第 91 号大道实体形态进行详尽的文档式分析，对于今天的建筑师和城市规划专家十分重要，就像对中世纪欧洲、古罗马和古希腊进行研究对于早期建筑师和城市规划专家很重要一样。这样的研究将有助于明确美国和欧洲出现的一种新城市类型，它与我们已知的城市类型根本不同，由于我们不了解且能力有限，我们姑且将它定义为城市扩张。本工作室的一个目标是：通过思路开阔且不带偏见的调查研究，来理解这种新类型并着手找出把握这种类型的技巧。”

所以，现在要介绍一下我们于 1968 年秋所领导的一个设在耶鲁大学艺术与建筑学院（Yale School of Art and Architecture）的工作室的情况。事实上它是一个项目研究，由耶鲁大学的 3 位导师与 9 位建筑学专业的学生，2 位规划专业的研究生和 2 位制图专业的研究生组成进行。工作室被命名为“向拉斯维加斯学习 / 作为设计研究的形式分析（From Analysis as Design Research）”。在学期快要结束的时候，拉斯维加斯的精神征服了学生们，他们将工作室的副名改为“伟大的无产阶级文化火车头”（The Great Proletarian Cultural Locomotive）。

我们在图书馆花了 3 周的时间，在洛杉矶花了 4 天，另外在拉斯维加斯花了 10 天。回到耶鲁大学之后，又用 10 周的时间分析并展示了我们的发现。此前，作者们访问过几次拉斯维加斯，并写出了《A&P 停车场的意义 / 向拉斯维加斯学习》（“A Significance for A&P Parking Lots, or Learning from Las

Vegas”）[《建筑论坛》（*Architectural Forum*），1968 年 3 月号] 一文，这篇文章为我们在 1968 年夏季所拟就的研究计划奠定了基础。我们将工作分为 12 个专题，然后分别安排个人或小组进行工作，并划分成 5 个阶段，包括作为第 3 个阶段的对拉斯维加斯的“应用研究”。本书的第一篇包括了我们最初的那篇文章，我们后来的项目研究对其内容进行了扩展。遗憾的是，12 个人不足以涉足拟定的研究计划中的全部内容，而且也缺乏数据和时间充分研究其他课题。对于拉斯维加斯来说，还有大量的建筑信息有待精选。另外，一些对于工作室来说很重要的重点没有能够在本书中得到强调，例如我们在教学法方面的一个兴趣点，即把传统的建筑“工作室”发展成为建筑教学的新工具；以及我们在寻找新图式手段方面的兴趣，即寻找比建筑师和规划师现在所使用的方法更适宜的方式来描述“城市扩张”式都市化，尤其是商业带。

拉斯维加斯的技术与规划部门既有礼貌又切实地给了我们帮助，而该市的决策部门虽有礼貌但却不愿提供帮助。市或县的政府不提供资金，商业带美化委员会（Strip Beautification Committee）主席也认为若要研究拉斯维加斯，资金就应当由耶鲁大学提供。我们到达的那一天，一家当地报纸刊称：“耶鲁大学的教授将为 8925 美元而赞扬商业带。”几天以后，当我们希望能够得到一些追加经费以便拍摄一部影片时，该报又跳出来说：“原来耶鲁教授要提高赞扬我们商业带的价格。”我们最近得到的一笔官方财政支持是将使用霍华德·休斯（Howard Hughes）先生的直升机的机时费打一些折扣。

我们的理念也遇到了有礼貌的怀疑，而我们也认识到美化委员会想要继续劝导人们将商业带变为西部香榭丽舍大道，用树木遮蔽标志物，以及采用大型喷泉增加湿度；并且当地规划和区划部门将继续劝说加油站去仿效赌场的建筑式样，以实现建筑式样的统一。

另外，商业带中最好的酒店之一——星尘酒店（Stardust Hotel），为我们提供了免费膳宿。租车行让我们在一周内免费使用一辆汽车。而且扬氏电光标牌公司（Young Electric Sign Company，简称 YESCO），特别是沃恩·坎农（Vaughan Cannon）先生，一直是我们在拉斯维加斯的首要接待者兼助手。此外，我们感激杰里·里特曼（Jerry Litman）先生，他当时在《拉斯维加斯太阳报》（*Las Vegas Sun*）供职，给予了我们更友好的媒体报道。最后，我们要感谢一位最值得尊敬的拉斯维加斯市民，他合情理地、带一点蒙骗地以及近似合法地带着一名耶鲁大学的女教授进入了马戏团赌场（Circus Circus Casino）的开业庆典，在那里，人们要面对所有阶层的社交精彩场面——要求着盛装出席以符合装饰着来自当地救世军商店（Salvation Army Store）的垃圾的场合。

我们一定要扩大致谢名单，以包括所有那些对我们三个人的学术生涯有帮助的人们。下列名单是从人数极多的名单中精选出来的，包括了一直以来特别支持本项目研究的学者与艺术家，他们是：唐纳德·德鲁·埃格伯特（Donald Drew Egbert）、赫伯特·J·甘斯（Herbert J.Gans）、J·B·杰克逊（J.B.Jackson）、路易斯·康（Louis Kahn）、阿瑟·科恩（Arthur Korn）、让·拉巴蒂（Jean Labatut）、埃丝特·麦科伊（Esther McCoy）、罗伯特·B·米切尔（Robert B.Mitchell）、查尔斯·摩尔斯（Charles Moore）、刘易斯·芒福德（Lewis Mumford）。若干位波普艺术家们[特别是爱德华·卢沙（Edward Ruscha）]、文森特·斯库利（Vincent Scully）、查尔斯·西格尔（Charles Seeger）、麦克文·M·韦伯（Melvin M.Webber），以及汤姆·沃尔夫（Tom Wolfe）等。恕我们的鲁莽，我们也要感谢米开朗基罗、意大利和英国的手法主义者们，以及埃德温·卢提恩斯爵士（Sir Edwin Lutyens）和帕特里克·格迪斯爵士（Sir Patrick Geddes）和弗兰克·劳埃德·赖特（Frank Lloyd Wright），以及宏伟的现代主义的前辈建筑师们的帮助。

我们批评了现代主义建筑，但在这里我们要表达对它的初期所抱有的钦佩，正是在那时，它的奠基者们感知到了自己的时代，并宣布了彻底的革命。那场革命在今天看来已显陈旧，并且，被无端地、扭曲地延长了，而我们的论点主要就是针对这一延长。同样，我们没有与很多今天的建筑师争论，他们在执业实践中已经发现，在经济压力之下建筑革命的华丽辞藻是无法实行的，故而抛弃了它，并且正在建造符合业主与时代要求的清晰直白的建筑。这不是对在相关领域以科学方法发展着建筑设计新手法的建筑师和理论家的批评。这些在一定意义上也是对我们所批评的同一种建筑学的反作用力。我们认为，在这一点上，建筑学研究应沿尽可能多的方向进行探索才是最好。我们的研究并不排斥别人的实践，反之亦然。

我们庄重而由衷地感谢帮助过本工作室的阿维斯租车行（Avis Car Rental）拉斯维加斯分部；西莱斯特与阿曼德·巴托斯基金会（Celeste and Armand Bartos Foundation）；丹尼斯·杜登（Dennis Durden）；尊敬的拉斯维加斯市长奥兰·格拉格森（Oran Gragson）；克拉克县行政长官大卫·亨利（David Henry）博士；赫茨租车行（Hertz Car Rental）拉斯维加斯分部；乔治·艾泽努尔（George Izenour）；菲利普·约翰逊（Philip Johnson）；埃德加·J·考夫曼基金会（Edgar J.Kaufmann Foundation）；阿兰·拉皮迪（Alan Lapidus）；莫里斯·拉皮迪（Morris Lapidus）；国家租车行拉斯维加斯分部；奥萨包岛屿企业（Ossabaw Island Project）；奈撒尼尔与玛乔丽·欧文斯基金会（Nathaniel and Marjorie Owings Foundation）；费城的卢姆与哈斯公司（Rohm and Haas Company）；克拉克县规划委员会（Clark Country Planning Commission）全体职员；拉斯维加斯城市规划委员会（Las Vegas City Planning Commission）全体职员；洛杉矶加州大学建筑与城市规划学院（U.C.L.A School of Architecture and Urban Planning）；《耶鲁

导报》（Yale Reports）；拉斯维加斯扬氏电光标牌公司；此外，我们向耶鲁大学艺术与建筑学院内外所有那些投入过工作并提供了帮助的人们致谢，特别是格特·伍德（Gert Wood）、迪安·霍华德·韦弗（Dean Howard Weaver）、查尔斯·摩尔（Charles Moore）以及耶鲁大学，他们都认为耶鲁大学建筑师研究拉斯维加斯的决心应当持续下去；还有那些在我们本不充足的资金即将耗尽时伸出援手的人们。

我们也要感谢那些学生们，他们的技能、精力和智慧为伟大的文化火车头添加了动力并给了它特殊的性格；也是他们教会了我们如何在拉斯维加斯痛快地生活和学习。

在本书的写作方面，我们感谢埃德加·J·考夫曼基金会和西莱斯特与阿曼德·巴托斯基金会，它们一次次地帮助了我们；感谢华盛顿特区的国家艺术捐款基金（1965 年依国会法案创办的联邦机构）；感谢我们的文丘里－劳赫事务所（Venturi and Rauch），特别要感谢事务所的合伙人——直布罗陀的劳赫先生，他的帮助有时颇为勉强，却总是起到决定性的作用，还要感谢这个小规模的事务所为三个写书的成员而做出的牺牲；我们感谢弗吉尼亚·戈尔丹（Virginia Gordan）与丹·斯库利和卡罗尔·斯库利（Dan Scully and Carol Scully）在插图方面给予的帮助与建议；感谢珍妮特·许伦（Janet Schueren）与卡罗尔·劳赫（Carol Rauch）为我们打印手稿。最后感谢史蒂文·艾泽努尔（Steven Izenour），他是我们的合作者、合著者及必不可少的人。

丹尼丝·斯科特·布朗和罗伯特·文丘里

于西部群岛，卡利维尼岛

目　录

第一篇

A&P 停车场的意义 / 向拉斯维加斯学习

一、A&P 停车场的意义 / 向拉斯维加斯学习

“对于一个作者来说，写作素材不仅仅包括他所发现的事实，更包括那些他所处的时代和他没赶上的时代的语汇所呈现给他的事实。在文体上，如果素材适合他的话，作者能用描摹法来表达他对于这个素材的感觉，假如不适合，那就成了拙劣的模仿。”[1]

向现有的景观学习，是使建筑师充满革命性的一个方法。勒·柯布西耶（Le Corbusier）在 20 世纪 20 年代曾经建议将巴黎拆毁重建。显然这不是我们要找的方法，应当采取的是以另一种更为宽容的方法，即质疑我们的看待事物之道。

商业带（Commercial Strip），特别是拉斯维加斯商业带（the Las Vegas Strip）[2] 这样一个优秀的例子（图 1、图 2），向建筑师提出了挑战，使他们采用积极而无挑衅性的视角。建筑师们不习惯毫无审判性地看待环境，因为正统的现代建筑如果不具有革命性、乌托邦式以及简约等特点的话，可以说是进步的；它不满足于现状。现代建筑从不容情，建筑师一直偏向于改变现有环境而不是改进它。

然而要从平凡事物中获得见识并不是新鲜事：美术通常就源自民间艺术。18 世纪的浪漫主义建筑师发现了已有的、传统的初始建筑学。早期的现代建筑师们未加改造地搬用了已有的传统工业语汇。勒·柯布西耶热爱谷仓和轮船，包豪斯的外表像厂房，密斯将美国钢结构工厂的细部加以精炼以适应钢筋混凝土建筑。现代的建筑师们使用类型、符号和意象进行设计——尽管他们不顾一切放弃了几乎所有有关形式的决定性因素（除了建筑必备构件及策划书）——并从意想不到的形象中获得了洞察力、模拟法及刺激。在这种学习的过程中存在着一种反常现象：我们要为了前进而先回顾历史与传统，要为了上升而先向下看，而有节制的评判能使以后的评判更理性，这是向万物学习的方法。

---

1. Richard Poirier，“T.S. Eliot and the Literature of Waste,” *The New Republic*（May 20，1967）p.21.
2. the Las Vegas Strip，常译作拉斯维加斯大道，长约 6.8 千米，汇集了大量豪华酒店、赌场、饭店等，是拉斯维加斯最繁华的街道，本书为便于表述和理解，译作拉斯维加斯商业带。——译者注

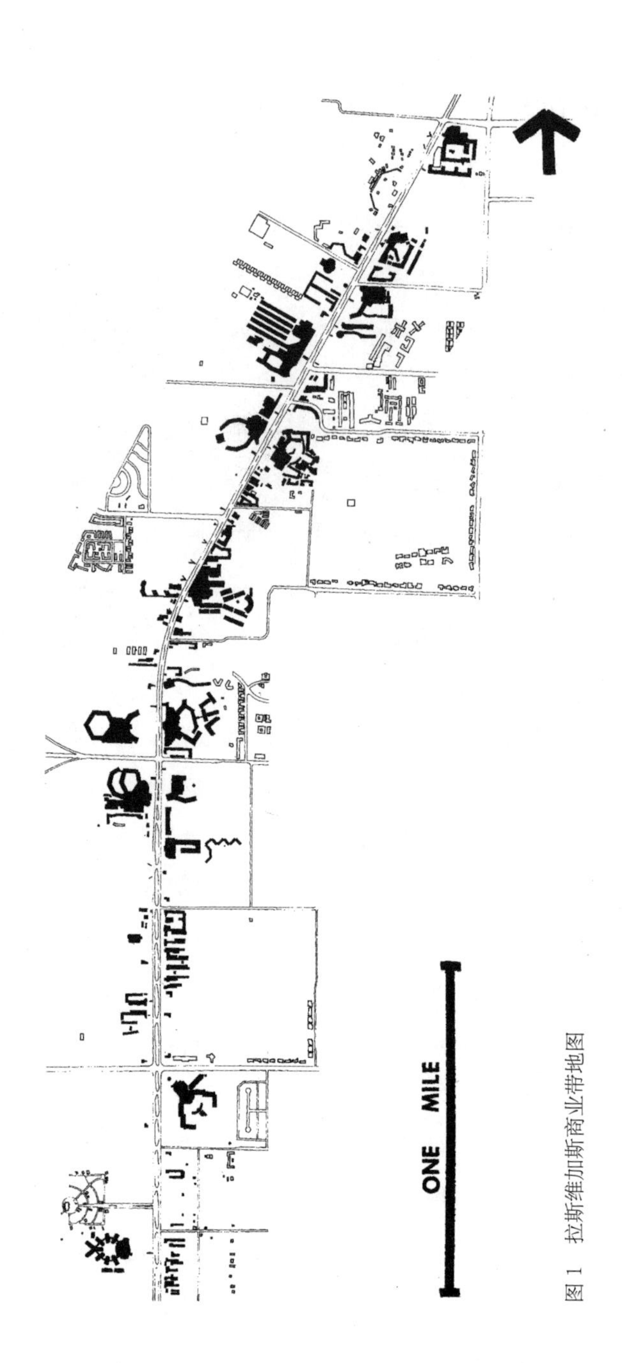

图 1　拉斯维加斯商业带地图

图 2　拉斯维加斯商业带，向西南望

二、商业价值观和商业方法 [1]

在这里，拉斯维加斯仅仅被当作一种建筑交流的现象加以分析。正如对哥特式教堂的结构进行分析时不必对中世纪宗教道德进行争论一样，在此不必对拉斯维加斯的价值观提出质疑。商业广告的道德、赌博的兴趣以及竞争的本能在这里无须争论，尽管我们认为它们确实应当是建筑师广阔的综合性任务的一个方面。在这种情境中，对驶入式教堂的分析与对驶入式餐馆的分析很相似，因为本书是对方法而非情境的研究。从建筑变量中抽取一个进行独立分析，会是一种相当科学化和人文化的方法，前提是在设计中仍要将各变量综述合在一起考虑。对于现有的美国城市化的研究是一种合乎社会需要的行为，它教育我们建筑师在为市区更新和新开发项目进行规划时要能够有更多的理解和较少的主观性。另外，在此所分析的商业广告和标志物的方法根本不会促进城市和文化的推进，这不完全取决于建筑师。

---

1. 参见第一篇后的《工作室备忘录》相应标题下的资料。

广告牌是合适的选择

能够吸取地方早期建筑（极易变成“没有建筑师的建筑”那样的简单罗列）和地方工业建筑（极易适应诸如新粗野主义或者新构成派巨型结构之类的电子化和空间化的地方建筑风格）的经验教训的建筑师们，不易承认地方商业建筑语言的有效性。对于艺术家来说，创新也许意味着选择旧的或原有的东西。波普艺术家们已经重新学会了这一点，我们对于原有的、公路沿线的商业建筑的承认也在此传统之内。

现代建筑不会过分排斥地方商业建筑语言，因为它已经设法通过创造与强化自己改良的及普遍的地方化去接纳这种建筑语言。它已抵制美术和粗野艺术的结合。意大利的景观总是将地方风格与维特鲁威的风格协调起来：大教堂的轮廓、小旅店大门对面的饰有帷幔的洗衣店、靠着罗马式教堂半圆形后殿的等。裸体的儿童不会在我们的喷泉里玩耍，贝聿铭也不会喜欢第 66 号大道。

作为空间的建筑

建筑师们已对意大利景观的一个要素着了迷，即市镇广场。它那传统的以行人为尺度并且颇费思量地围合起来的空间都比第 66 号大道和洛杉矶的广阔区域更招人喜爱。建筑师已经受到空间的提示，围合性空间更易于把握。在过去的 40 年里，现代建筑的理论家们（有时不包括赖特与勒·柯布西耶）已经集中关注于空间，把它看作将建筑与绘画、雕塑和文学区分开来的基本要素。他们的理论由于方法的独特性更加引人注目；尽管雕塑和绘画有时候具有空间的特性，带雕饰或者绘画的建筑仍然不受欢迎——因为空间是神圣的。

纯粹主义的建筑部分是对19世纪折中主义的一次反抗。坦率地说，哥特式教堂、文艺复兴式银行和詹姆士一世时期的庄园都是独特的。风格的混合意味着方法的混合。由于披上了历史风格的外衣，建筑物因此能够唤起直接的联想和对历史浪漫的隐喻，以传达文学的、教会的、民族的或者标题性的象征意义。把建筑看作服务于规划和结构的空间和形式是不够的。学科重叠也许已冲淡了建筑学，但却丰富了其意义。

现代建筑师们放弃了绘画、雕塑和图像等与建筑物相结合的图像学的传统。粗壮塔柱上精致的象形文字、罗马建筑物楣梁上面的原始题刻、圣阿波罗神庙里的镶嵌工艺、乔托礼拜堂普遍存在的纹样、围绕哥特式入口的雕刻石阶，甚至威尼斯别墅中的壁画装饰等都不仅仅对建筑空间起装饰性的作用。现代建筑中艺术的综合性通常被认为是一件好事。但密斯式的建筑通常不着色。着色嵌镶板由于采用了暗连接方式产生了独立地悬浮于建筑之上的效果。雕塑置于建筑内部或者附近，但是绝少放在建筑物之上。艺术品以自身所展示的内容加强建筑空间。巴塞罗纳博览会德国馆中的科尔比（Kolbe）雕像对于导向性空间仅是一种衬托，因为信息主要来自建筑。大多数现代建筑的小型标志牌只包含了最必要的信息，就像“女厕”标志牌只需用“LADIES”来表示。

作为符号的建筑

证明了艺术中“大众化符号已经衰败”的评论家与历史学家们支持正统的现代建筑师，回避了表达或者强调内容的形式的象征性：意义不是通过引用已知的形式，而是通过形式的内质和外观进行传达的。建筑形式的创作应该是一种逻辑的过程，不受以往图示的影响，仅决定于设计、结构，以及偶然的——如艾伦·科洪（Alan Colquhoun）所说的[1]——直觉。

但近来有一些评论家对于内容来源于抽象形式的可能性有所质疑。另外一些评论家则已证明，无论功能主义者的主张如何，他们自己的形式语汇主要出于流行艺术运动以及工业的本土化；诸如阿基格拉姆（Archigram group，现代建筑团体。——译者注）等后继者，在反对波普艺术和空间工业的同时也已经开始转向利用这两方面。然而，大多数评论家藐视通俗商业艺术中延续的象征主义，即从《纽约客》（*The New Yoker*）的广告专栏版到休斯敦的超大型广告牌等遍及我们环境的诱人标记。他们的19世纪折中主义符号化建筑的“变质”的理论，使得他们对于高速公路沿途的具象化建筑的价值视而不见。那些承认路边折中主义建筑的人贬低这种理论。认为它标榜的是一个世纪前的风格和10年前的陈词滥调。然否？今天时光飞速、逝者如斯。

位于特拉华州（Delaware）南部荒凉的高速公路区的迈阿密海滩现代汽车酒店能使厌倦的司机想起奢华而受欢迎的热带度假胜地，从而诱使他们放弃横跨在弗吉尼亚州界上的那座令人愉快的大种植园式蒙蒂塞洛汽车酒店（Motel Monticello）。起源于科尔布中部的国际风格的真正的迈阿密酒店，隐含了巴西度假村的国际时尚。这种从高级经历中级到低级的演变仅用了30年的时间。当下，20世纪40年代和20世纪50年代的新折中主义建筑，不如其商业化那么有趣。道听途说的爱德·斯通比真实的爱德·斯通更有趣。

---

1. Alan Colquhoun, “Typology and Design Method,” *Arena*, Journal of the Architectural Association (June 1967) pp.11-14.

三、空间中的符号先于空间中的形式：作为信息交流系统的拉斯维加斯

蒙蒂塞洛汽车酒店的标志性的外轮廓就像一个巨大的高脚柜橱，使高速公路上的人们在看到汽车酒店之前先看到它。这种形式化且标志化的建筑物是反空间的，它注重信息交流甚于注重空间。信息交流——作为建筑和景区中的一大要素——支配着这里的空间（图 1—图 6）。而且，它还是景观的一个新尺度。旧式折中主义理性的联想会唤起微妙而复杂的含义，使之成为传统景观中温和空间里的一种特色。路边折中主义的商业化表现力，在大空间、高速度和复杂群体所形成的新景观那巨大而复杂的环境里挑起强烈的冲突。形式与标志能将许多相距较远且在人们视野中一闪而过的要素关联起来。带给人的信息是商业性的，而语境是全新的。

30 年前的驾车人能够保持空间方位感。在简易的十字路口，一个带有指向箭头的小型标志的导向性很明显，让人能够知道所处何地。当十字路口处于四叶式立交桥时，车辆不得不先右转再向左转，于是就会引起强烈的矛盾［艾伦·达尔坎杰洛（Allan D’Arcangelo）的作品曾提及］（图 7）。但是驾车人没有时间在危险而复杂的环行路网之中考虑反常的细节。他（或她）要依赖道路的引导标志，才能在快速行驶时识别空旷空间中的巨大标志。

标牌（在行人的尺度水平上）在空间中起主导作用的情况主要发生在大型机场。大型铁路客运站所需的交通流线仅仅比从出租车到站台的轴线式系统稍复杂一点而已（有售票处、商店、候车室以及站台等，但它们实际上都没有带标牌）。建筑师们反对在建筑物中放置标牌：“如果建筑的平面布置清晰明了，你就能够认清要去的方向。”但复杂的商业计划和背景环境所要求的是比“结构 + 形式 + 照明设计”的三元体建筑更复杂的媒介综合体，这种媒介综合体使人们认识到在建造中应该用醒目的信息。他们认为，建筑要能够展现大量的指示与信息而非依靠人们敏锐的感觉。

图 3　拉斯维加斯沙丘赌场酒店

图 4　拉斯维加斯婚礼小教堂

图 5　拉斯维加斯星尘赌场酒店

图 6　拉斯维加斯的夜间广告

图 7　艾伦·达尔坎杰洛，《出行》（*The Trip*）

四、能诱导人的建筑

乘车或步行的人流与四叶式立交桥和机场之间在高效与安全方面存在着信息交流。但是，词汇与符号也可以用于商业建筑（图 6、图 28）。中东的集贸市场没有标牌，但拉斯维加斯商业带几乎全是标牌（图 8）。在集贸市场里，信息是直接传达的。沿着它的狭窄过道，顾客可嗅到、触摸到摆放在外面的商品，而商人与顾客进行口头交流。在中世纪城镇的狭窄街道里，尽管已有了标牌，对顾客起吸引作用的却主要是面包房门窗中飘出来的焦面包味道。在主街上，商店沿人行道布置了吸引行人的展示橱窗，而与街道方向垂直而立的室外标牌（对驾车人来说）几乎同样地主导着人们的视觉。

商业带上超级市场的橱窗中没有摆商品，那里只会有若干当日特价品的标签，是给由停车场走来的步行者看的。就像大多数城市环境一样，建筑本身离高速公路较远并且不醒目，给停放的车辆让出空间（图 9）。巨大的停车场位于建筑的前部而不是后部，因为停车场不但是便利设施而且是一种符号标志。

由于安装空调的需要，建筑内的净高会比较低，并且销售布局也限制了修建第二层的可能；因为从公路上几乎看不到这类建筑，所以它的建筑设计是中性的。商品和建筑都不与公路相连。巨型标牌跃入视线，将商店与驾车人联系起来，而沿着公路两旁，蛋糕调味料和清洁剂通过各自生产厂家的巨大广告牌面向高速公路展现出来。空间中的图像标志物已经成为当地的景观建筑物（图 10、图 11）。在建筑内部 A&P 已转变为集贸市场，只不过是用图像包装代替了商人的口头叫卖。在另一种规模上，远离高速公路的购物中心以步行购物街的形式回归到中世纪的街道模式。

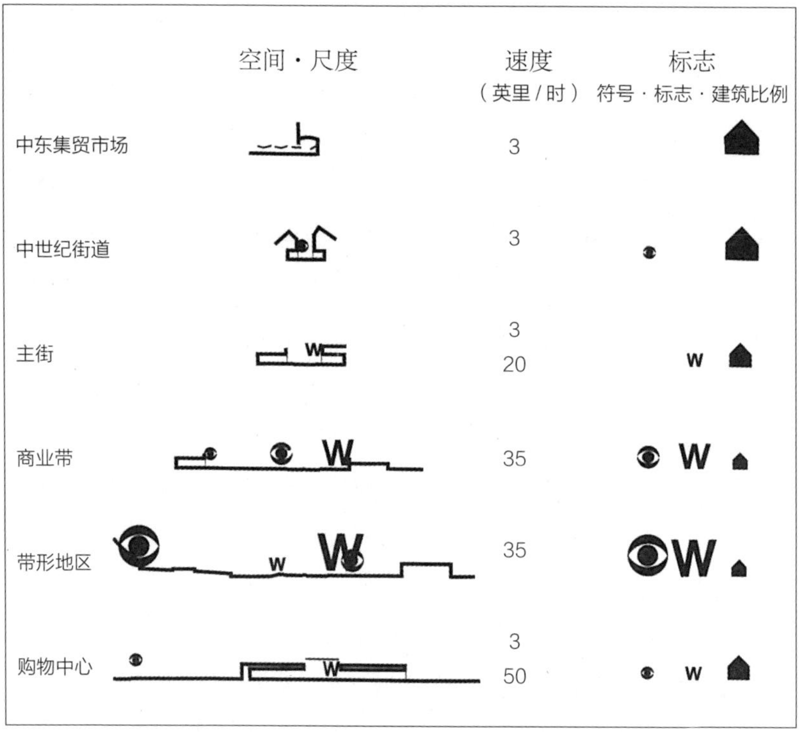

	空间・尺度	速度 （英里 / 时）	标志 符号・标志・建筑比例
中东集贸市场		3	
中世纪街道		3	
主街	W	3 20	W
商业带	W	35	W
带形地区	W W	35	W
购物中心	W	3 50	W

图 8　导向性空间的比较分析

图 9　一个郊区超级市场的停车场

图 10　商业带的坦尼亚广告牌

图 11　下商业带，北望

五、在历史传统中和 A&P 中的巨型空间

A&P 停车场是凡尔赛时代以来巨型空间演进过程中的当代阶段（图 12）。将高速公路与低密度建筑群分隔开的空间不会产生围合感，而且指向性也不强。穿越意大利式市镇广场就要穿越四周高耸的建筑，而穿越这种景区就要穿越宽阔的巨型组织结构（texture）：商业景观的组织结构。停车场是沥青景区的花坛（图 13）。停车线所组成的图案的导向性，比凡尔赛市的石铺地面、路阶石、分界线以及绿地更具指向性。灯柱排列成的网格阵取代了方尖碑与成排的瓮形花盆和雕像，成为巨型空间的识别点和连续点。然而，正是高速公路旁的标牌——用其雕塑感的造型和图画式的轮廓、其在空间中的特殊位置、其映像形状及图形含义统一了这种巨型空间并使人们能识别它。它们通过空间建立起形式语汇与符号的关联，通过瞬间数百次远距离的联想传达复杂的含义。标志物能主导空间，而建筑则不足以如此，因为标志物比建筑形式更能形成空间关系。在这种景观中，建筑便成了空间中的符号而非空间中的形式。建筑的表意性变得非常小：标志物要大而建筑要小，这才是第 66 号大道的金科玉律。

标志物比建筑更重要，这反映在业主的预算中。前部是精心创作的标志物，而后部才是建筑物——不加修饰的必需品。建筑是不值钱的。有时建筑本身就是标志：鸭子型的鸭肉店（被人们称为“长岛鸭仔”，图 14、图 15）就是一种雕塑符号和建筑物。建筑物室内与室外间的矛盾在现代建筑运动发生之前是十分普遍的，尤其是在城市建筑和纪念性建筑上（图 16）。巴洛克式穹顶既是符号又是空间结构，它们的外部尺度比内部尺度大，为的是在其所处的城市地段中居主导地位，并传达其象征意义。西部商店的假立面有同样的目的：它们比其背后的室内空间更大、更高，这样就突出了商店的重要性并使街道的品

质与统一性得以提高。但是假立面服从主街的秩序和尺度。由今日西部高速公路上的沙漠小镇，我们能够学习到关于不纯粹的信息建筑新的和生动的课程。像沙漠一样的灰褐色的矮小建筑，与已经成为高速公路的街道分离并退后，它们的假立面与高速公路互相垂直，成为独立式的高大标志。假如撤走这些标志，反而会觉得不对劲。沙漠小镇是高速公路沿途所强化的信息。

六、从罗马到拉斯维加斯

拉斯维加斯是沙漠小镇的巅峰之作。在 20 世纪 60 年代中期造访拉斯维加斯就如同在 20 世纪 40 年代后期造访罗马。20 世纪 40 年代的年轻美国人只熟悉适应汽车的网格型城市和前一代建筑师的反城市(antiurban)论，对他们来说，传统的城市空间、适于步行者的城市尺度，以及对意大利市镇广场形式的混合使用（但不失连续性），都是一种意义重大的启示。是他们重新发现了意大利城镇广场的价值。20 年后的建筑师或许已愿意运用大型开敞空间、大尺度及以高速公路为主导的城市思路。拉斯维加斯之于商业带就如同罗马之于市镇广场。

罗马与拉斯维加斯之间还有另外一些相似之处，例如，它们在坎帕尼亚平原（Campagna）上和莫哈韦沙漠（Mojave Desert）上的周围环境都十分广袤，能够突显并清晰地展现它们的形貌。此外，拉斯维加斯是在“一天里”建起来的，或换句话说，其商业带是在原始沙漠上用很短的时间发展起来的。反对宗教改革的圣地罗马以及东方城市的商业带是在旧模式上叠合出来的，但拉斯维加斯不是这样，因此它更易于学习。每一个城市与其说是原型不如说是典型，更是被夸大了的实例，从中可以得出典型方面的经验教训。每一个城市都灵活地在地方建筑物中添加超民族的特征：教堂置于宗教之都，赌场及其标志

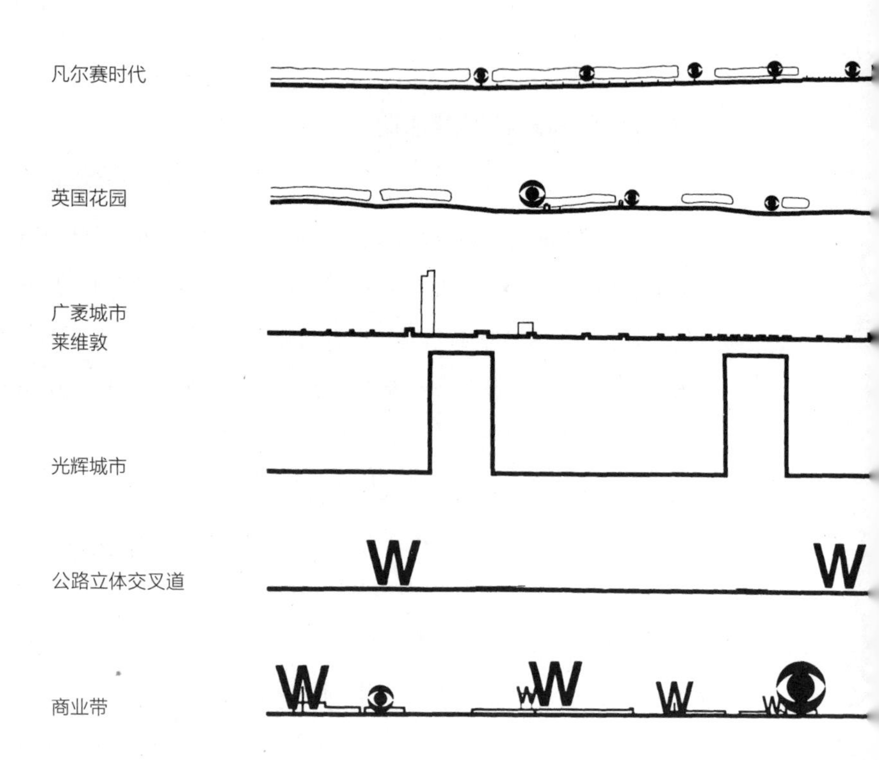

空间 · 尺度 · 速度 · 标志

图 12　广阔空间的比较分析

标志

标志 · 文字 · 建筑

元素

雕像和瓮形花盆
喷泉
花坛
路阶石

树木
字母
爱之寺庙

美国式住宅
农场住宅

原巨型建筑

W 绿色符号

见其他主题

图 13 阿拉丁酒店及赌场

图 14 “长岛鸭仔”，选自《上帝自己的废物场》

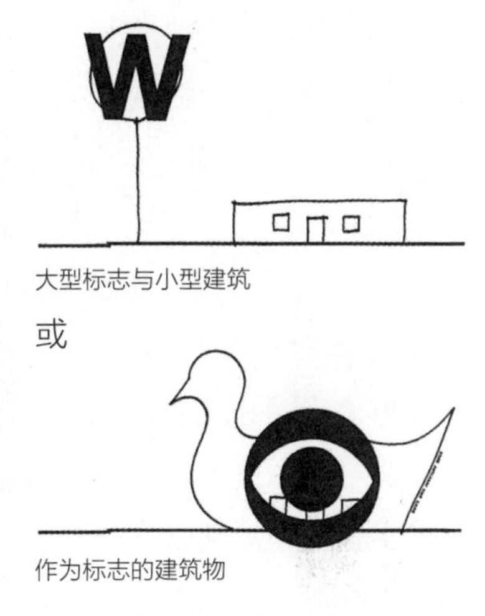

图 15 带有大型标志的小建筑，以及作为标志的建筑物

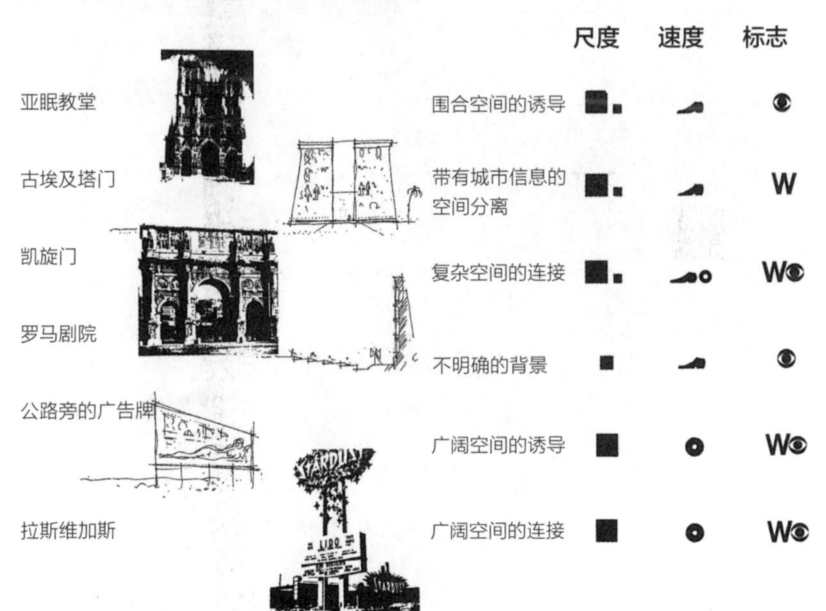

图 16 空间中的“广告牌”的比较分析

置于娱乐之都。这两种建筑在这两种城市中都造成了对比鲜明的并置现象。远离街道和广场的罗马教堂是对公众开放的，宗教的或建筑学领域的朝圣者们能够徜徉于各教堂中。同样，拉斯维加斯的赌徒与建筑师也能沿着商业带找到各种各样的赌博场所。拉斯维加斯的娱乐场所和休闲空间是装饰性和纪念性的，并且向步行者开放，但几处银行和火车站除外，因为它们在美国城市中是独一无二的。诺利（Nolli）绘制的 18 世纪中叶的地图展现出罗马城中公共空间与私人空间之间微妙而复杂的关联（图 17）。图中用交叉阴影线画出了私人建筑，那些建筑物镶嵌于公共空间中。室内与室外都如此。这些空间，无论无顶有顶，都可以通过建筑图中涂黑部分看清楚它们的细部。教堂的室内空间像市镇广场和宫殿庭院一样，但同时，一系列特质与尺度都表现得很清晰。

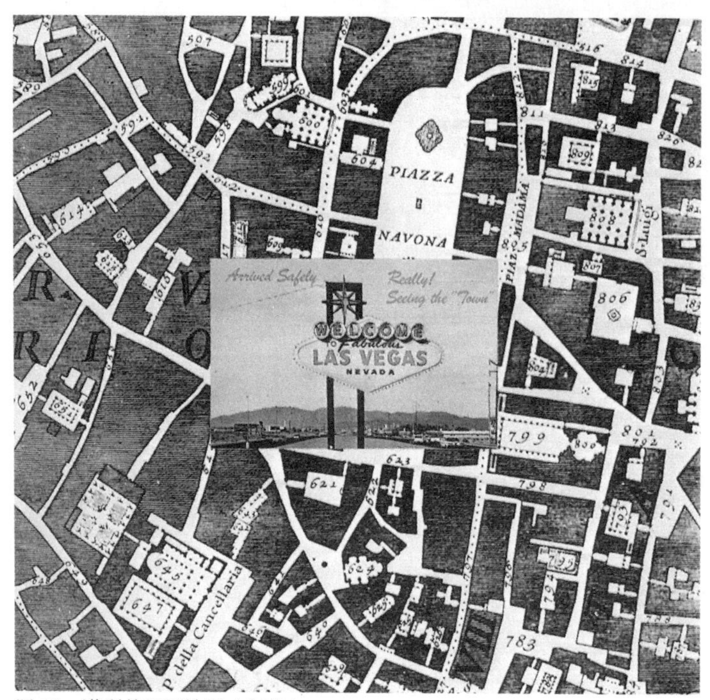

图 17　诺利的罗马地图（细部）

七、拉斯维加斯地图

拉斯维加斯商业带的“诺利”地图显示并标明了公共和私人空间，但由于要把停车场包括进去，所以图的比例放大了，而图中的虚实比例也被代表沙漠的空白区所颠倒。通过航拍照片绘制对象物的“诺利”地图，为商业带体系地图的绘制提供了有效的方式（图 18）。这些被分划出来并被重新确定的对象物，可以是未充分开发的土地、沥青地面、汽车、建筑物和仪式空间[图 19(a)—图 19(e)]。将其重新组合之后，便可描述朝圣路一般的拉斯维加斯。尽管如此，该描述仍像“诺利”地图一样，没能够描绘出人们曾经体验过的象征性内容（图 20）。

当和其他用途相联系而非与应用类型或强度的细节相关时，拉斯维加斯传统的土地利用图就能够显示出城市中所有的商用建筑。赌场综合体内部的“土地利用”地图首先体现了包括所有赌场共享的系统性规划（图 21）。商业带的“位置”和“设施”地图能够描绘出使用强度及各种用途（图 22）。分布图展示了各种建筑类型，如教堂、食品店（图 24、图 25）等拉斯维加斯其他城市皆有的设施，以及婚礼小教堂和租车行（图 26、图 27）等适于商业带的特色设施。拉斯维加斯的氛围特点难以形容，因为这些取决于其照明情况、气氛活泼程度及象征性内容。不过“信息图”、旅游图和指南手册会包含一些以上提到的信息。

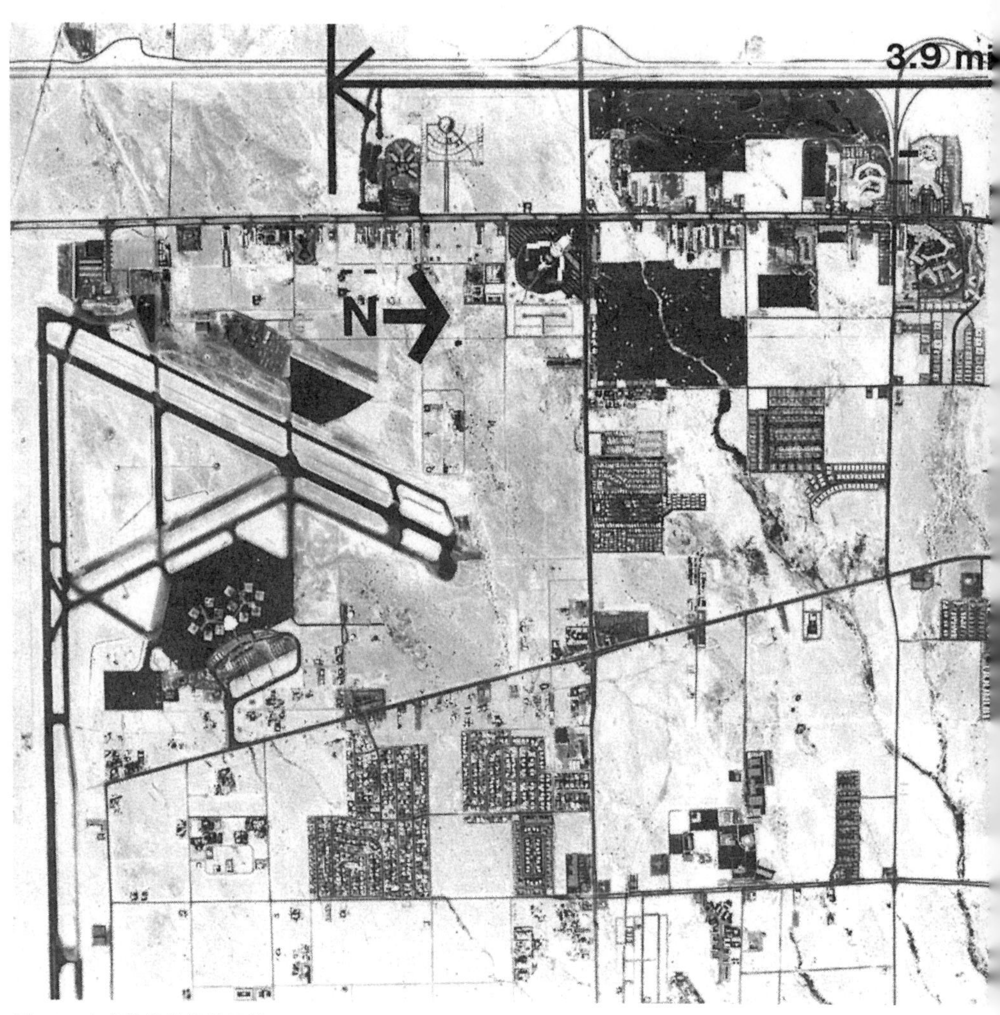

图 18　上商业带的航拍照片

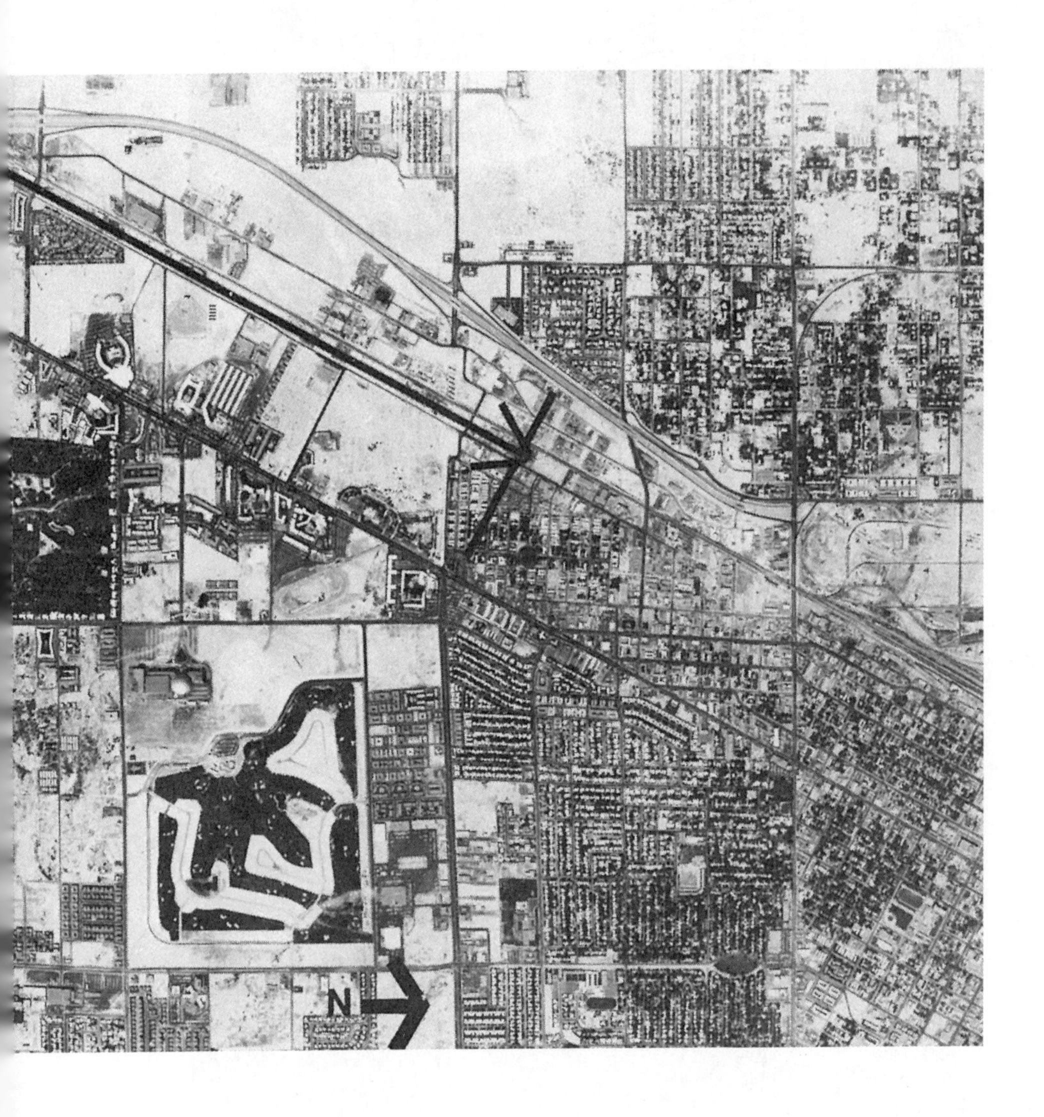
N

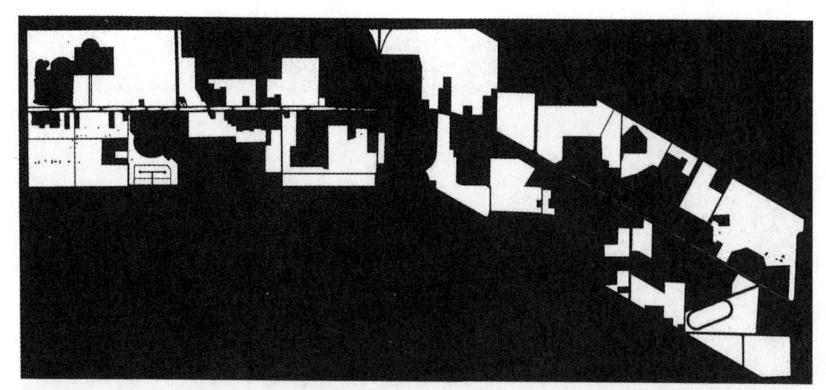

图 19（a） 上商业带，未开发地段

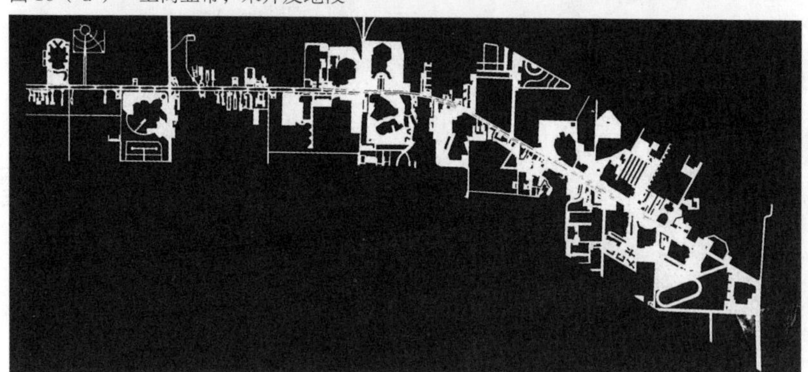

图 19（b） 沥青地面

图 19（c） 汽车

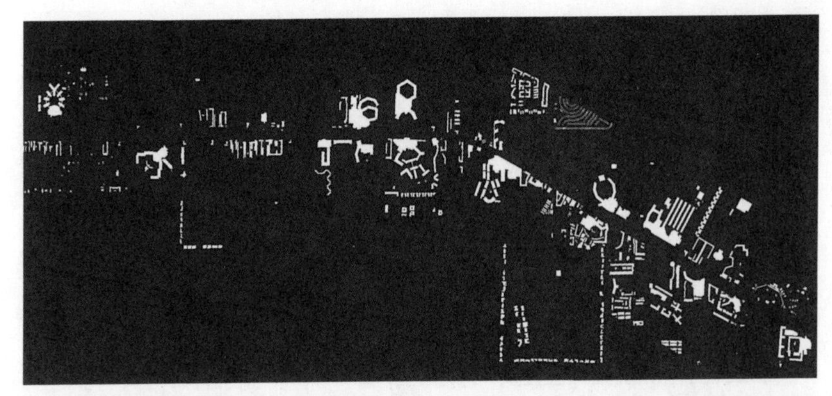

图 19（d）　建筑物

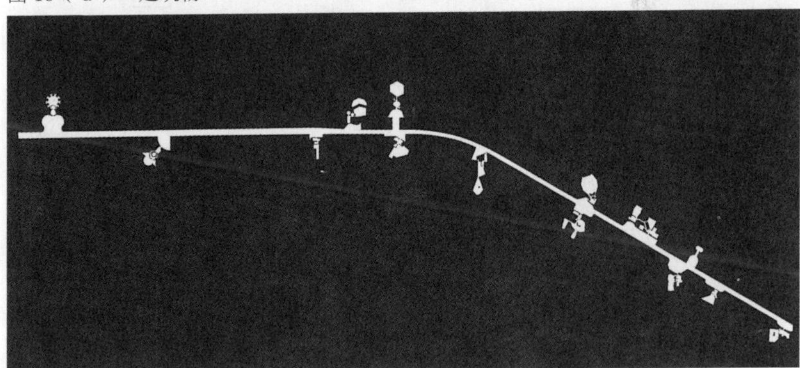

图 19（e）　仪式空间

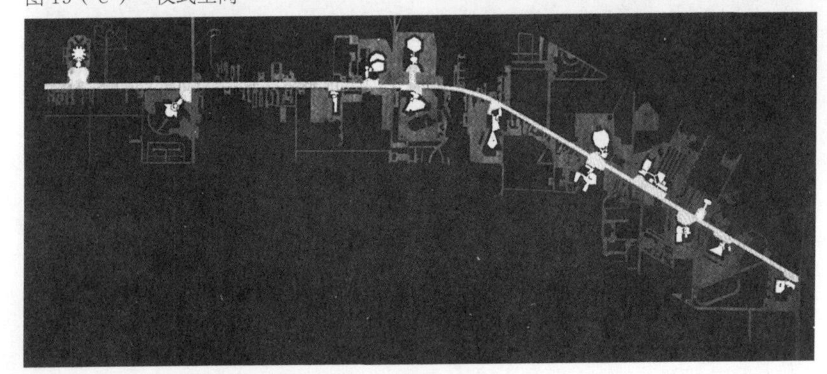

图 20　诺利的拉斯维加斯

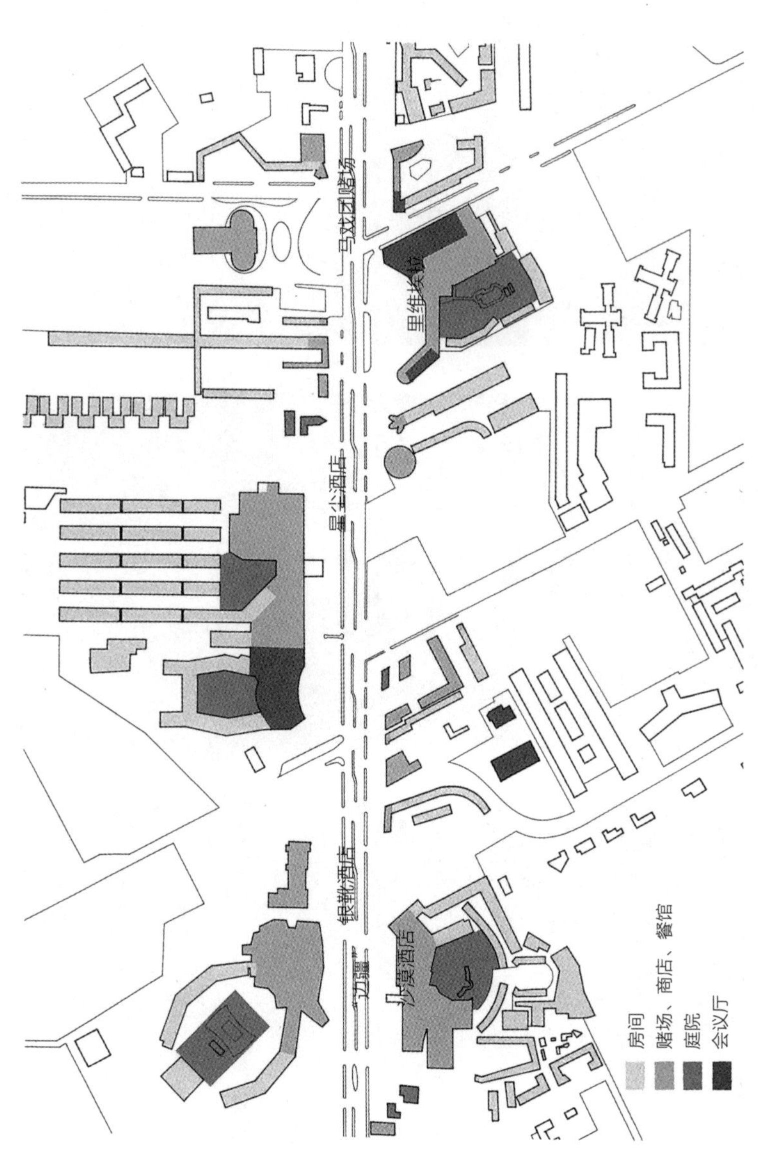

图 21　显示建筑物内部功能的拉斯维加斯商业带（局部）地图

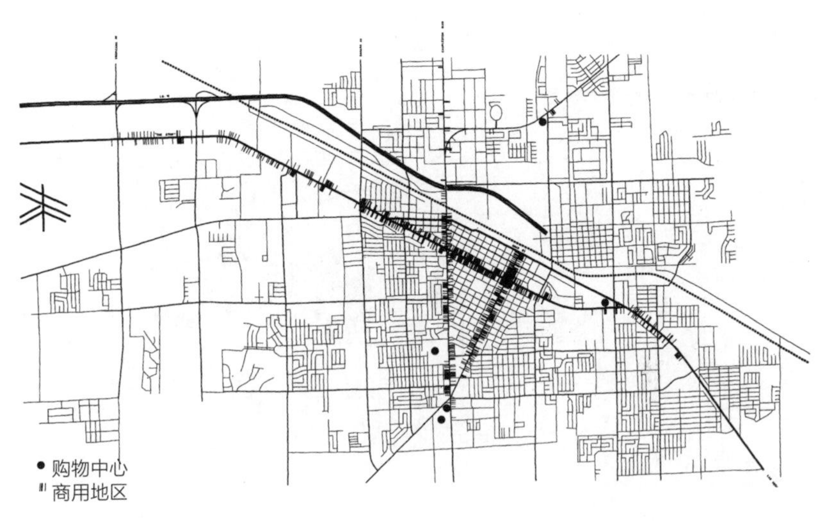

图 22 显示 1961 年拉斯维加斯三条商业带上的单层商业设施的位置情况的地图

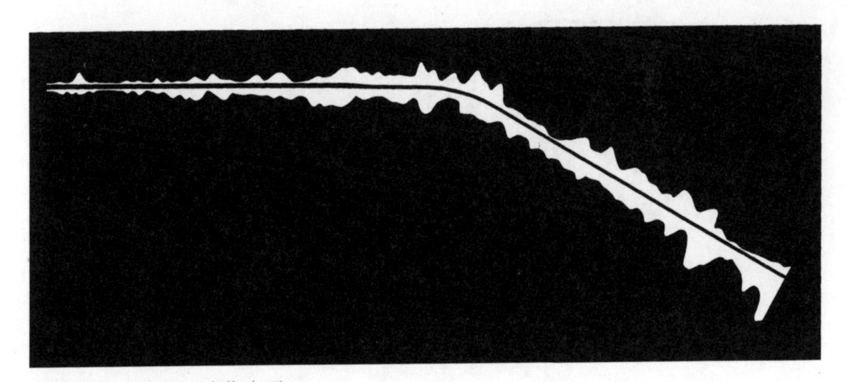

图 23 商业带的图式化水平

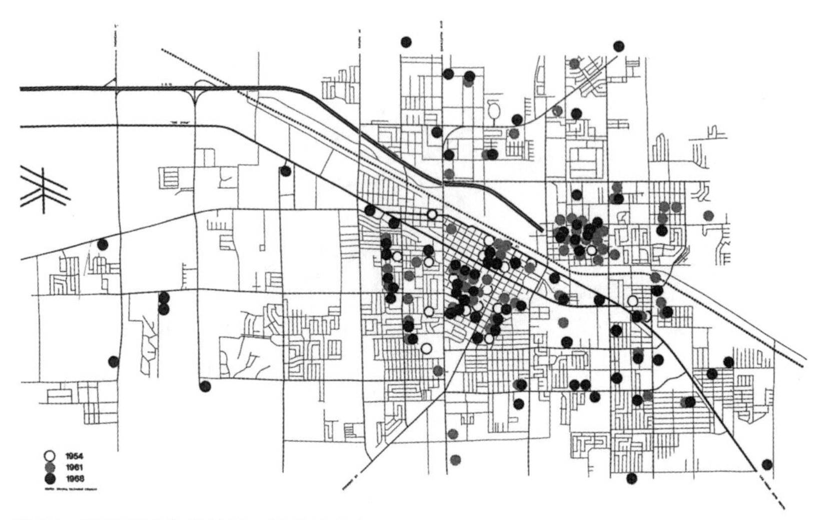

图 24　活动模式比较地图：教堂的分布

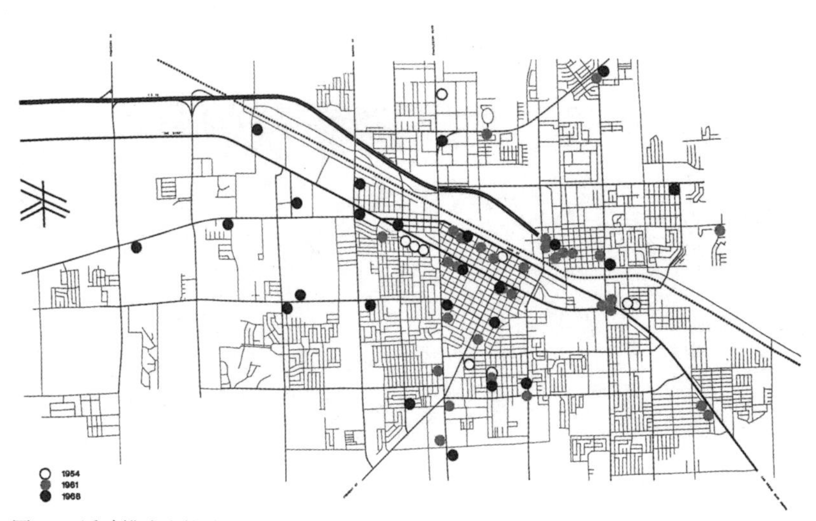

图 25　活动模式比较地图：食品店的分布

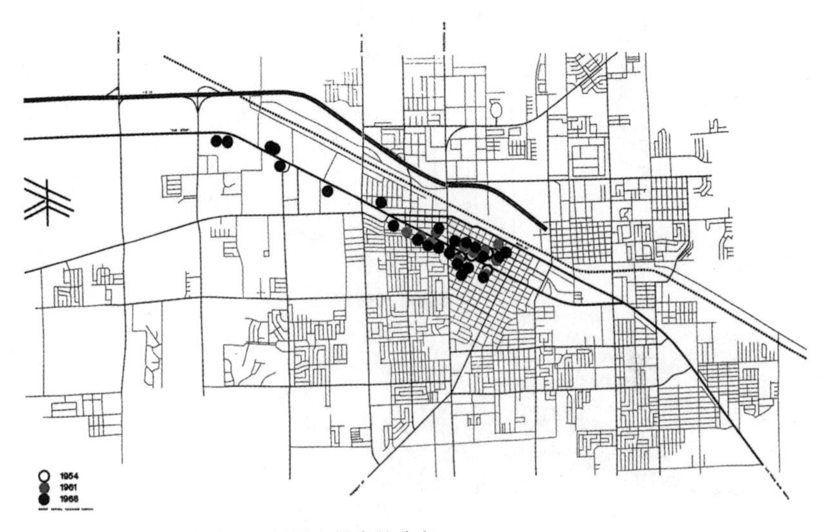

图 26　活动模式比较地图：婚礼小教堂的分布

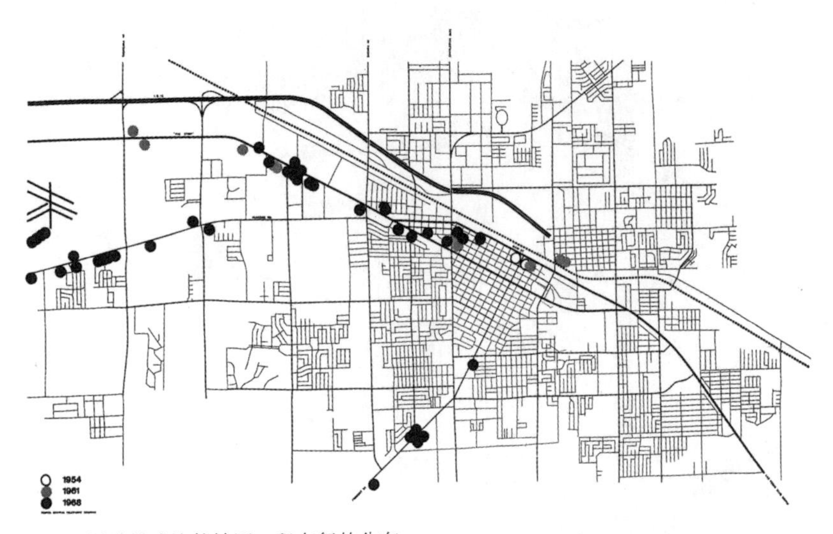

图 27　活动模式比较地图：租车行的分布

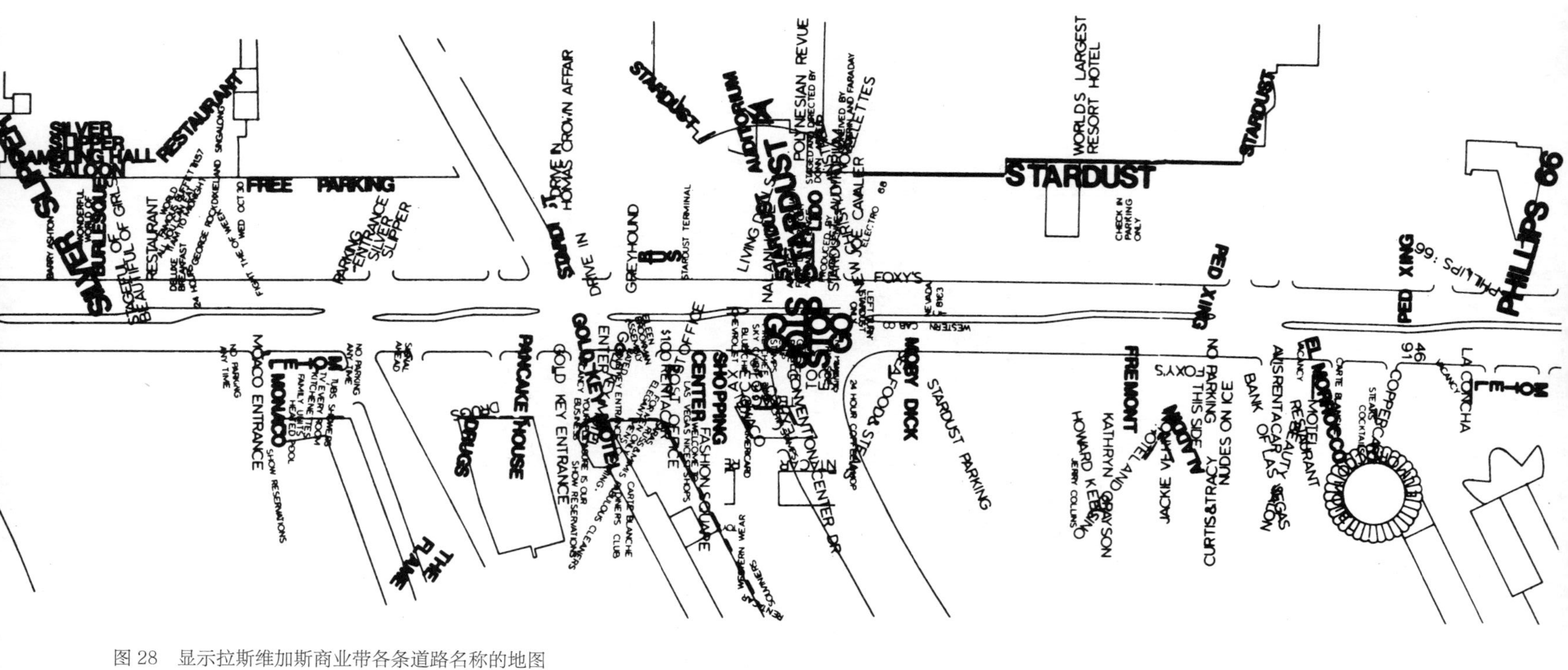

图 28　显示拉斯维加斯商业带各条道路名称的地图

八、主街与商业带

拉斯维加斯的街道地图展示了其网格平面中两种尺度下的人流运动：主街中的和整个商业带中的（图 29、图 30）。该市的主街是弗里蒙特街（Fremont Street），它的两个赌场聚集区中较早的一个是沿此街的 4 个街区中的 3 个分布的（图 31）。此处的赌场类似于集市，紧挨着摆满叮当作响的老虎机的人行道（图 32）。弗里蒙特街的赌场和酒店集中于街道起始端的火车站，在这里铁路和主街尺度下的人流运动之间建立了联系。火车站现已被一座酒店取代了，而现在公共汽车站也已成为更繁忙的城市入口，但是由火车站至弗里蒙特街的轴线依旧可见，并且具有象征性。上述情况与商业带形成了对比，因为在商业带中，后开发的赌场区向南延伸至飞机场——喷气式飞机尺度下的城市入口（图 23、图 24、图 42、图 43、图 52、图 54）。

第一座拉斯维加斯式的建筑是当地的机场大楼，也是埃罗·沙里宁（Eero Saarinen）设计的 TWA 候机楼的雏形。在离开这座建筑向市区前进时，人们的印象是该市的尺度是与进出机场的出租汽车相谐调的。这座建筑向人们拉开了该市著名的商业带的序幕，该商业带就像第 91 号大道那样将机场与城区连接起来（图 33）。

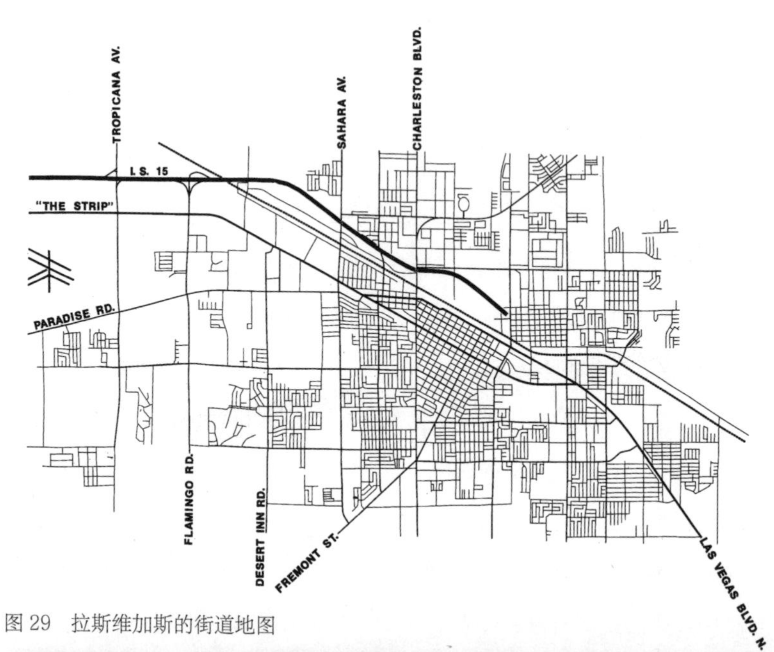

图 29 拉斯维加斯的街道地图

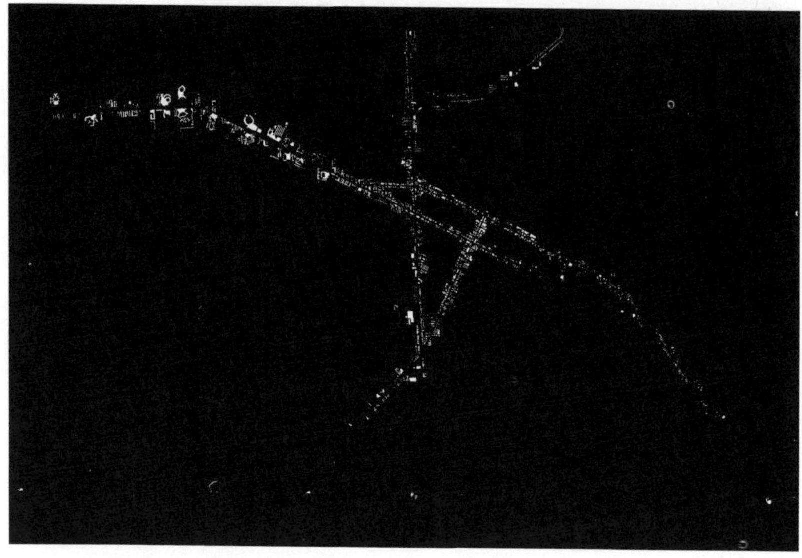

图 30 拉斯维加斯三条商业带上的建筑物地图

图 31 弗里蒙特街

图 32 弗里蒙特街赌场的入口

图 33 商业带上的“E.Ruscha”立面的一个局部。根据体现经过公共建筑的环路的大运河与莱茵河而绘制的旅游地图。Ruscha 制作了日落商业区之一。我们为了拉斯维加斯而摹仿他

九、商业带的系统和秩序

商业带的形象是混乱的，此处景观中的秩序不很明显（图 34）。连续的高速路本身和它的环路系统是绝对相容的。商业带的中部包含有为缓速行驶的汽车准备的掉头弯道，也包含通向本地原有街区（与商业带正交）的左转弯道。这些弯道允许车辆频繁地向右转去往赌场和其他商业场所，减少了从高速路驶向停车场时的交通困难。商业带的许多地段都被标志牌照得通亮，在这些地方街灯成了多余之物，但它们整齐划一的弓腰造型和位置在白天能界定出高速路的连续空间，而其匀整的韵律与其背后的标志牌不匀整的韵律形成有效的对比（图 35）。

这种对位法增强了商业带中两类秩序的对比：街道元素明显的视觉秩序，以及建筑物和标志物难以辨认的秩序。高速路区是一个共享的秩序，而高速路区之外则是独享的秩序（图 36）。属于路区的各种元素是公共的，而建筑和标志物则是个人化的。从整体来看，其间的连贯与不连贯、走与停、清晰与含混、合作与

竞争、一致性与个性化相互错杂。公路系统将秩序带给进出公路的功能区，也带给（被人们视为有序整体的）商业带。它也为一些独立企业的发展提供了场所并控制了其发展的总方向。它容许了在其周边出现的多样性和变化，并包容了各个企业间的平等竞争秩序。

公路的两侧存在着这样一种秩序，即商业带中的各种不同活动场所相互挨在一起：加油站、微型汽车酒店以及亿万豪赌赌场。由平房改造而成并加了霓虹灯尖顶的婚礼小教堂（“接受信用卡消费”）往往位于接近闹市区的地方。在主街上你可以从一家商店步行到另一家商店，但沿着商业带却没有这种将相关功能布置得紧密相连的要求，因为商业带的交通利用的是汽车与公路。你从一个赌场去相邻另一个赌场也只能靠开车，因为它们之间的距离不近，而路上多出一个加油站也不会令人不快。

图 34 景观中的秩序不明显

图 35 商业带前区的街道灯

图 36 商业带前区北望

商业带中的变与不变

标志牌报废速度似乎不与建筑物的废弃速度相近，而更接近于汽车的报废速度，原因不在于自然耗损而在于周围竞争者的所作所为。由标志牌广告公司推行的出租体系以及全部勾销税款的可能性也许与此有关。商业带里最独特、最具纪念性的部分是各处标牌广告及赌场的正立面，它们都是最易变化的；在一系列的改建与门面主题塑造后存留下来的是中性的汽车酒店系统建筑。阿拉丁酒店及赌场（Aladdin Hotel and Casino）的正面为摩尔式，而后部则是都铎式的（图 13）。

拉斯维加斯最快速的成长期是在第二次世界大战以后（图 37—图 40）。这里每年都发生了引人注目的变化：新的酒店和标牌广告不断出现，还有装饰着霓虹灯字的停车楼取代了弗里蒙特街街边和街后原有的平面停车场。就像古罗马教堂中的群集式小礼拜堂和哥特式大教堂的风格化的空间柱列一样，金块赌场（Golden Nugget Casino）用了 30 多年的时间从一座只带一块广告牌的建筑物发展到今天完全被广告牌盖满的赌场（图 41）。在进行扩张的过程中，星尘酒店已经“吞没”了一家小餐馆和另一家酒店，而且用总长 182.88 米的电脑控制的霓虹灯统一了这三段立面。

图 37　1905 年的拉斯维加斯

图 38　1910 年的拉斯维加斯弗里蒙特街

图 39　拉斯维加斯弗里蒙特街，1940 年

图 40　1960 年的拉斯维加斯弗里蒙特街

TYPES OF CHANGE
变化形式

Ⓐ Layerings of Facades & Plans
to expand spatially & stylistically
立面和平面实现分层，空间扩展，风格多样化

① Stardust Hotel facade (by decades)
星尘酒店（数十年）

② Gothic Cathedrals (by generations)
哥特式大教堂（数个时代）

Ⓑ Competitive increases in Signs and Symbols
符号与标志竞相增长

① Las Vegas Signs
拉斯维加斯符号

② San Gimignano Towers
圣吉米尼亚诺塔楼

Ⓒ The Strip becomes a Place
商业带成为一个地区

① Convention Center & International Hotel
会议中心和国际饭店

② The Shopping Center
购物中心

Ⓓ Building becomes Sign
建筑物成为符号

① The Golden Nugget
金块赌场

Ⓔ The Evolution of Parking on "Main Street"
“主街”上停车场的演变

① The Golden Nugget on Fremont
弗里蒙特街上的金块赌场

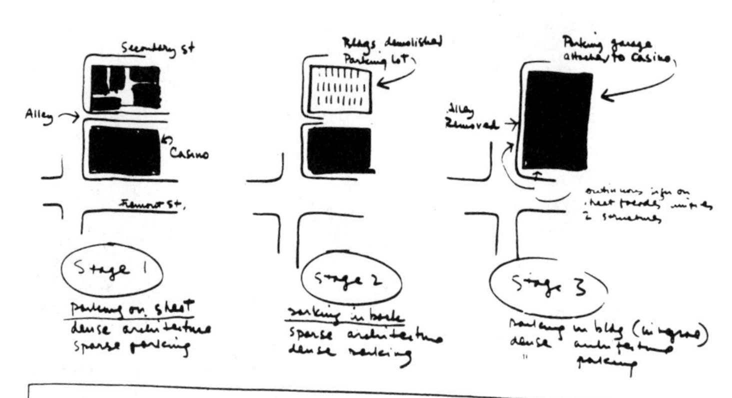

Change and Permanence
变化与不变

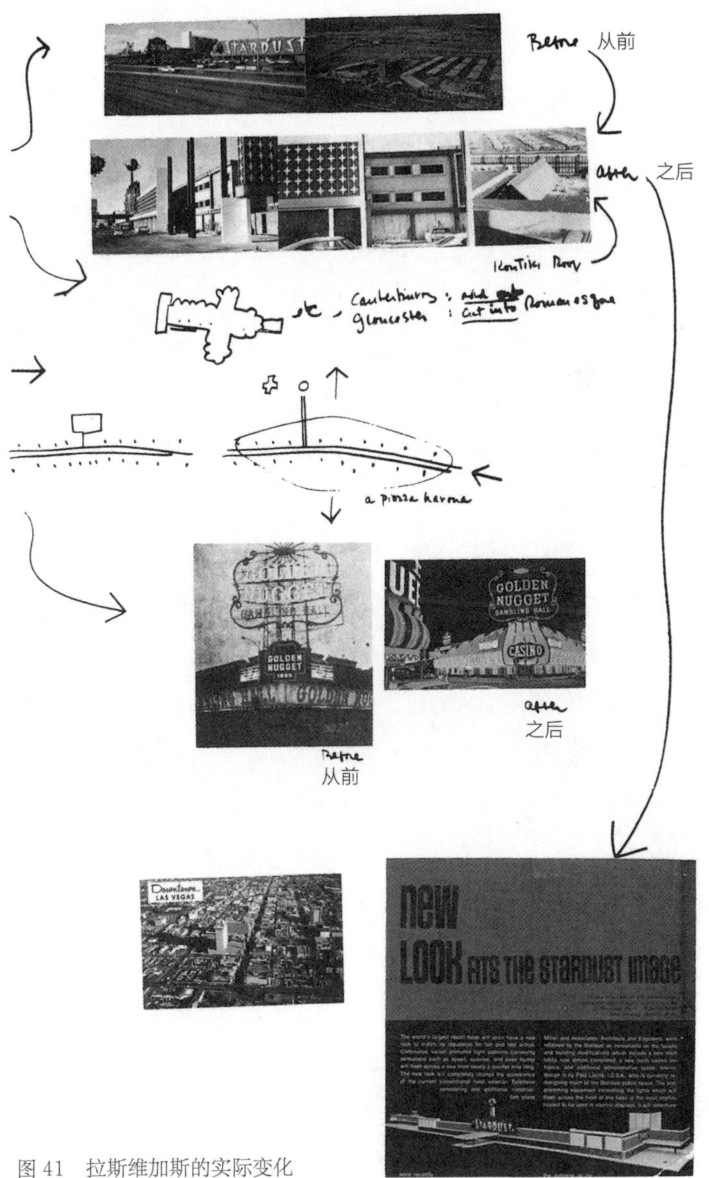

图 41　拉斯维加斯的实际变化

十、商业带的建筑

很难想象灯火辉煌的赌场不是各具特点的，而事实也恰好如此，因为高质量的广告技术要求产品都各具特点。然而这些赌场又有许多相同之处，因为它们处在同一片阳光下、同一个商业带中，并且有相同的功能，它们有别于其他赌场——例如弗里蒙特街上的，也不同于不带赌场的酒店（图42、图43）。

一个典型的酒店型赌场的综合体应包括一座离公路较近的建筑物，使公路上的人的视线能够越过停车场落在它上面；而它离公路又应有足够的距离，以容纳车道、转弯道和停车区。前部的停车场就是一个标记：它使顾客放心而又不在建筑物前喧宾夺主。这种停车场是需要顾客交费的。停车场的主体沿赌场综合建筑的周边布置，使车辆能直接驶进，同时还能在公路上看到。停车场很少位于建筑物背面。公路上车流和空间的规模与建筑物的间距有关；因为它们相距较远，人们在高速上开车时也能够理解它们的意义。商业带前部空间的价值还没有实现其在主街上体现过的价值，而停车场更像一个合宜的填充物。建筑物之间的大空间带有商业带的特征。弗里蒙特街比商业带更上镜这一点十分重要：用一张明信片就可以将金马蹄中心（Golden Horseshoe）、造币厂酒店（Mint Hotel）、金块赌场和幸运赌场（Lucky Casino）等都包括进去，而一张商业带的照片则远不像上述的那样壮观，它那巨大的空间必须用移动的视角依次进行观赏（图44、图45）。

综合建筑的侧立面很重要，因为车流中的人从很远就开始看到它，并且要比观察正立面所用的时间长。阿拉丁酒店及赌场的汽车酒店式侧立面又长又矮，具有英国中世纪风格的半木结构，其尖顶山墙很有节奏感，使人隔着停车场（图46）和德士古加油站（Texaco station）的巨大雕像及广告牌也能清清楚楚地看到它，而这种节奏感也与赌场的现代近东风格的正面形成鲜明的对比。商业带赌场的门面的造型及装饰通常朝着右侧，迎接右侧车道上的行人与车辆。现代风格的建筑物使用了沿平面对角线的停车门廊，巴西化的国际式风格采用的是自由形式。

加油站、汽车酒店和其他简单建筑物一般都符合这种朝向体系，即用建筑元素的位置与形式来使建筑物对公路上的人表现出迎纳感。除前立面之外，由于人们只是看到建筑的正面而大多不注意其后部，所以建筑物的背立面就不用有什么风格了。加油站四处都是（图47），想向你展示出它们与你所熟悉的家乡加油站的相似性。但在这里，它们不是城中最惹眼的地方，这对它们来说是个刺激。汽车酒店无论在哪里都还是汽车酒店（图48）。但由于要在周围环境中进行竞争，形象化的表现手法在这里非常热门。艺术的影响力已蔓延开，拉斯维加斯的汽车酒店的标牌互不雷同。它们位于赌场和婚礼小教堂之间，散发出魅力。像其他许多城市建筑一样，婚礼小教堂没有固定的形式（图49），它们像是一种更一般化的建筑（平房或商店的门脸）的诸多使用功能中的一种。但是由于使用霓虹灯作为标志性装饰，婚礼小教堂的风格或形象仍以不同的类型保持了下来，而且婚礼自身也能够适合于各种不同的已有风格。与其他城市一样，商业带也有街边小品，但并不显而易见。

在城市的外面，商业带和莫哈韦沙漠之间仅有一处堆积着生锈的啤酒罐的过渡区（图50）。在城市里，过渡区同样极其生硬。那些正立面与公路密切相关的赌场把它们凌乱的背面对着当地环境，暴露出机械设备区及服务区多出来的造型与空间。

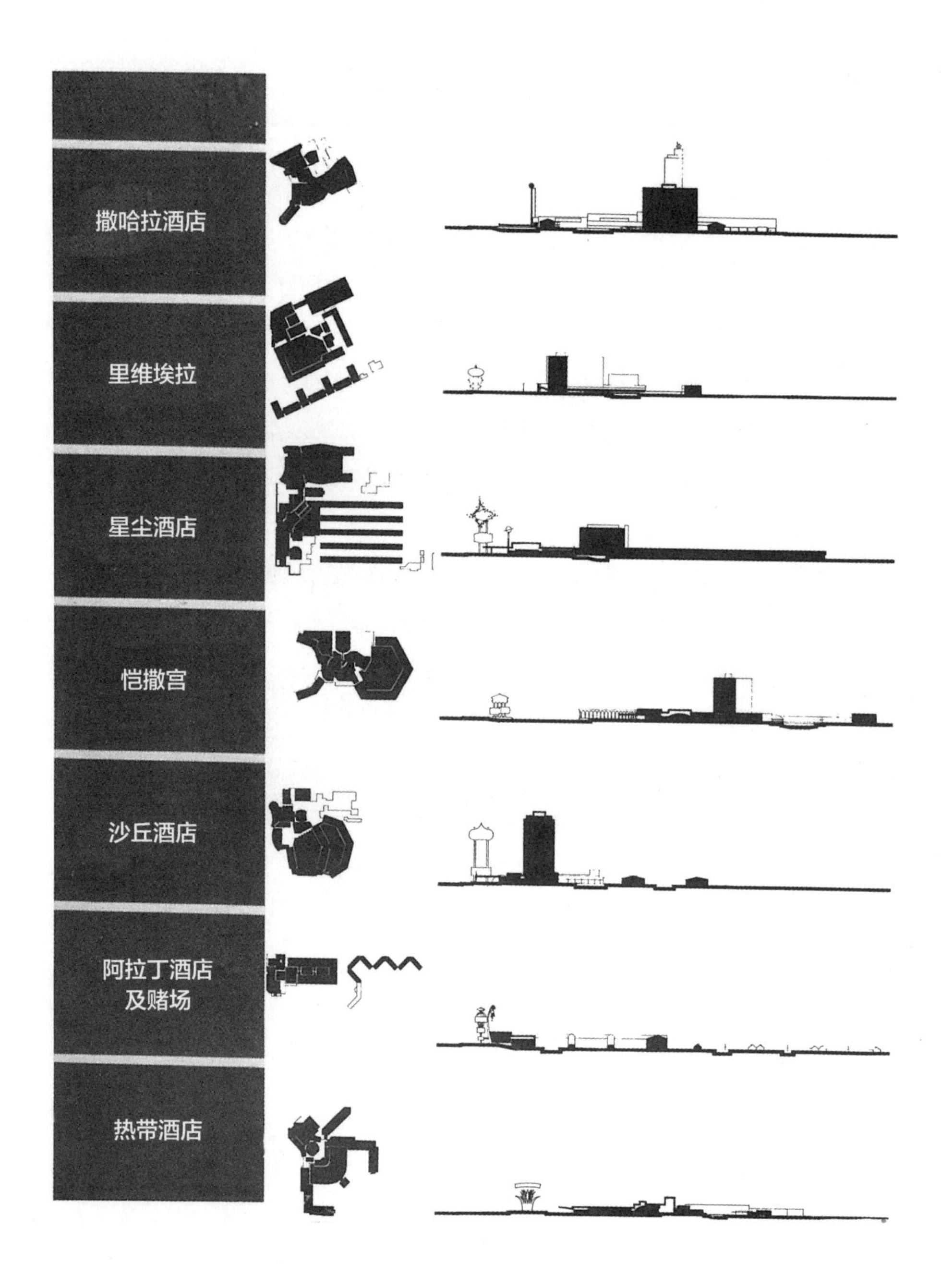
撒哈拉酒店
里维埃拉
星尘酒店
恺撒宫
沙丘酒店
阿拉丁酒店
及赌场
热带酒店

图 42　拉斯维加斯商业带酒店的简要示意图：平面、剖面和立面

图 43 拉斯维加斯商业带酒店的简要示意图：要素、演变

图 44　弗里蒙特街的酒店与赌场

图 46　阿拉丁赌场酒店

图 45　经过商业带北部连续拍摄的片断

图 47 拉斯维加斯商业带加油站简况

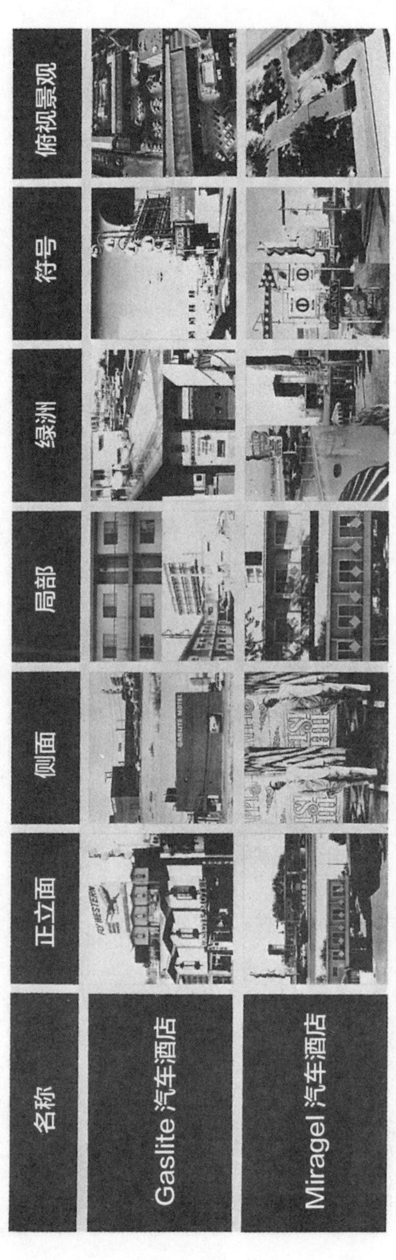

图 48　拉斯维加斯商业带汽车酒店简况

图 49　拉斯维加斯商业带婚礼教堂简况

图50 自沙漠看商业带

室内绿洲

如果说赌场背面与正面的不同形象归因于“汽车景观”所需要的视觉冲击，那么赌场内部与外部的对比就有另外一些原因了。室内空间序列是：从前门到赌博区，再到餐饮区、娱乐表演区和购物区，再到酒店。那些将车停在赌场边的人进入后会打断这个序列。但是，整体的流线集中于赌博室。进入一座拉斯维加斯酒店时，迎接人们的总是赌桌和赌博机，而登记处则总是在游客后面。酒店大堂本身就是一个赌博室，其内部空间和中庭夸张地与外部环境隔绝开来，具有沙漠绿洲般的品质。

十一、拉斯维加斯的照明

赌博室通常都很昏暗，而中庭则很亮，但两者都是封闭式的：前者不开窗户，后者则仅开向天空。赌博室及其室中室的昏暗与封闭性合在一起，带来了私密性、安全感、精力集中和便于控制等优点。在低矮的顶棚下面，错综复杂的空间与室外的光线和空间完全隔绝，游客会失去空间感和时间感，会在此迷失而不知身处何处、此刻何时。由于正午和半夜的光线都是相同的，所以时间没了界限；又因为人工照明使房间的边界模糊不清，所以其空间也没有了界限（图 51）。光不再用于界定空间，墙和顶棚也不再用作反光面，而是用于吸收光线和制造昏暗。因其边界的消隐，空间虽封闭却显得无边无际。光源、枝形装饰灯和闪闪发光的赌博机都与墙和顶棚不相干。这里的照明是反建筑的。在撒哈拉酒店（Sahara Hotel）那阴暗而无边的餐厅里，餐桌上方被照亮的华盖顶甚至比全罗马的还多。

装有人工照明和空调的室内空间与辽阔沙漠的眩光和酷热相得益彰。但是位于赌场后边的汽车酒店中庭的内部空间却简直是矛盾环境中的绿洲（图52）。不论它是有机现代主义的还是新古典巴洛克风格的，都包含着古典绿洲的基础性要素：庭院、水体、绿色植物、有亲切感的空间尺度，以及圈合式的空间。在这里的酒店中，它们位于被客房环绕在中间的一个石铺地面的庭院中，包括一个游泳池、成排的棕榈树和草坪以及其他园艺小品，而客房都带有阳台或露台，以确保私密性。与这里的沙滩伞和沙滩椅相对照，人们对外边“沥青沙漠”中冷冰冰的汽车的犹新记忆只带来痛切的感觉。拉斯维加斯沙漠中的步行者绿洲是阿尔罕布拉宫（the Alhambra）那壮丽奢华的大型室内空间，它也是所有配有游泳池（象征性大于实用性）的汽车酒店中庭、内部带有异国风情平凡而低矮的餐馆以及美国式商业带中漂亮的购物中心的巅峰之作。

图 51　恺撒宫的旅客手册

图 52　恺撒宫的前部情况

十二、建筑的纪念性和大型低矮空间

拉斯维加斯的赌场是大而低矮的空间。它是所有由于预算的限制和空调安装等原因而降低了室内高度的公共空间的原型（低矮的单向反射镜面顶棚使人能够从外面观察赌博室的内部）。过去，建筑物的体量取决于结构跨度，其高度问题是易于解决的；今天，大跨度的建筑物易于建造了，其体量的制约因素是在机械和经济方面对高度的限制。但是，仅高 3.05 米的火车站、餐馆和拱廊市场同样也反映出人们对环境中的纪念性建筑在态度上的变化。以前，大跨度建筑物及其所形成的高度是建筑的纪念性的一个组成部分（图 53）。但是，我们所说的纪念性建筑不是指临时的天文航行舱、林肯中心或者由资助修建的飞机场。它们仅仅证明大而高的空间并不足以使建筑具有纪念性。我们已经用地铁取代了宾夕法尼亚火车站的纪念性空间，并且中央车站（Grand Central Terminal）的纪念性空间的保留主要是因为它已被改造为一个广告媒介。因而，当我们试图建成一座有纪念意义的建筑时往往无功而返，我们的资金和技术不再投向那种通过大尺度、统一化、象征性以及诸多建筑元素来表现社区凝聚力的传统型纪念性建筑物。或许我们应该承认，我们的大教堂其实是没有中厅的附属教堂，而且除剧院和棒球场外，为数不多的大型公共空间是面向那些互不认识又互不相关的人群的。昏暗且带内室的餐馆像大而低矮的迷宫，能将群集和独处结合为一体，正如拉斯维加斯的赌场所做到的。赌场的照明为其低矮空间带来了一种新的纪念性。昏暗的封闭空间中可控的人工光源和彩色光源能使空间的实体边界模糊不清，因此使空间有扩展感和统一感。人们不再像待在有边界的市镇广场里，而是像身处夜晚城市的闪烁灯光之中。

OLD 旧
monumentality

The nave

The big
① HIGH 高的
② LIT and WINDOWED 明亮且带窗的
③ OPEN 开放的
④ SPACE 空间
⑤ UNCLUTTERED 整洁的

for communal crowds 服务于公众

① High for monumentality

② Lit and windowed: natural & simulated daylight falls on walls to clarify the great architecture

③ Open: to let natural light in and lately to integrate the inside & outside

④ Space: spatiousness for communal crowds

⑤ Uncluttered: don't clutter up the great architecture

NEW 新
monumentality

The chapels without the nave

The big
① LOW 低的
② GLITTERING-in-the-DARK 华丽的，光线不足的
③ ENCLOSED 围合的
④ MAZE of 错综复杂的
⑤ ALCOVES and 凹室
⑥ FURNITURE 家具

for separate people 服务于个人

① Low for economy of air conditioning

② Glittering-in-the-Dark: perimeters dark in value, absorbent in texture to obscure extent and character of the architectural enclosure. Glittering light sources - mainly ornamental - and recessed ceiling spots to light people and furniture and not architecture.

③ Enclosed to exclude the outside to engender a different style and role inside

④ Maze for crowds of anonymous individuals without explicit connections with each other

⑤ Alcoves: people are together and yet separate

⑥ Furniture: objects and symbols dominate architecture.

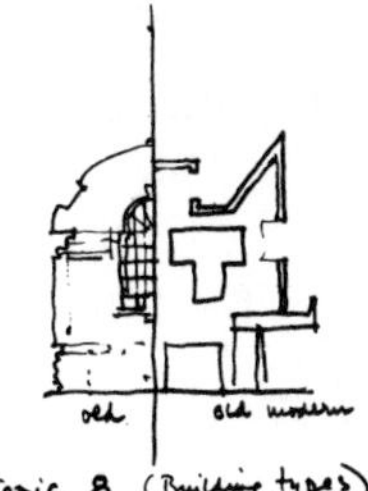

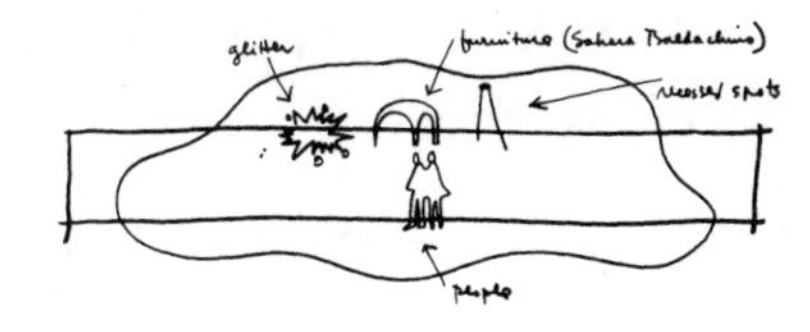

part of Topic 8 (Building types)

THE ROADSIDE INTERIOR 路边的室内空间

图 53 建筑的纪念性与路边的室内空间

十三、拉斯维加斯的风格

拉斯维加斯赌场是一种综合的形式。恺撒宫（Caesars Palace）——最宏伟的建筑之一——综合性规划包括有赌博厅、餐厅和宴会厅、夜总会和礼堂、商店以及一座完善的酒店。它也是风格的综合体。前部柱廊是圣彼得罗－贝尔尼尼（San Pietro-Bernini）式的平面，山崎实式的语汇和尺度（图 54、图 55），蓝色和金色的马赛克作品属于加拉·普拉奇迪亚（Galla Placidia）早期基督教陵墓式样。（其原型的巴洛克式对称形式避免了其立面的向右方弯曲。）一侧上部是吉奥·庞蒂的皮瑞利－巴洛克式的板块，而其侧依次是新古典主义的汽车酒店现代风格式侧厅。在它的一座新建成的附属建筑中，经济性已经压倒了对称性。但是新的板材和各种风格都被无处不在的爱德·斯通（Ed Stone）式屏风融为了整体。景观设计也是折中主义的。在圣彼得罗广场（the Piazza San Pietro）中有一个象征性的停车场。在停放的车辆之间设有 5 个喷泉，卡洛·梅德诺酒店（Carlo Maderno）只有 2 个，而东方别墅（Villa d’ Este）的柏树更是散布在停车场各处。吉安·德·博洛尼亚（Gian de Bologna）的在解剖学方面略显夸张的雕塑作品《遭劫掠的萨宾妇女》（Rape of the Sabine Women），以及维纳斯及大卫的雕像，都美化了停车门廊的周围环境。维纳斯雕像旁是一个“安飞士”（Avis）的标牌，指明了该世界第二大汽车租赁商的办公室所在（图 56—图 58）。

作为整体的恺撒宫建筑群和商业带建筑群，由于堆砌折中主义风格，而更接近于晚期罗马广场的精神（如果不是风格的话）。但是恺撒宫那带有古典式柱子的标志与罗马风格相比，倒更具伊特鲁里亚风格（图 59、图 60）。尽管它的主体不如隔壁的沙丘酒店（Dunes Hotel）或者另一侧的壳牌加油站的标志物那样高，却被那罗马百夫长雕塑（图 60）所强化并被涂装成为奥尔登堡（Oldenburg ）的汉堡包的样子，俯瞰着大片的汽车阵和伸向对面远山的大片沙漠。拿着水果托盘的雕像护卫，让人想起其中的庆典活动，是中欧人家庭快照的一个背景。大量的密斯式的灯箱，述说着广场上如杰克・本尼一样昂贵的艺人，在 20 世纪 30 年代风格的跑马灯上的文字如果不适合罗马额枋式的装饰，就是适合本尼。灯箱不在额枋上而位于柱子中部靠近公路和停车场的方向。

图 54 恺撒宫

图 55　恺撒宫游客手册（一）

图 56　恺撒宫游客手册（二）

Flamingo
CAESARS
PALACE
CIRCUS MAXIMUS
ANDY WILLIAMS
LENNON SISTERS

图 57　恺撒宫的标志物

图 58　恺撒宫的雕塑

图 59　恺撒宫的标志物

续图 59　恺撒宫标志物——帕提农神庙

图 60　恺撒宫的百夫长

十四、拉斯维加斯的标志物

与建筑物相比，公路更加以标志物为主导。那些大型标志物——独立于建筑物之外，或多或少具有雕塑感及图示性——是依靠其位置（与公路方向正交并位于公路边缘）、尺度，有时还包括形状，来达到以公路为主导的效果。阿拉丁酒店及赌场的外观看起来是弯向公路的（图 61）。它也是立体的，其中某些部分能旋转。沙丘酒店的标志物更加单纯：它仅仅是平面的，背面与正面相应，但高度达 22 层，在夜空中有节奏地闪烁着（图 63）。位于第 91 号大道弗里蒙特街的造币厂酒店的标志物则面向几个街区以外的赌场。拉斯维加斯的标志物（图 62）综合使用了词语、画面和雕塑来传达信息。一个标志物白天和夜晚都用。在阳光下是彩色的雕塑，逆光时是黑色的轮廓，到了夜晚又成了光源。它白天旋转，夜间变成光的表演（图 64—图 67）。它既有供人近看的尺度又有供人远观的尺度（图 68）。拉斯维加斯的雷鸟饭店（the Thunderbird）有世界上最长的标志物，而沙丘酒店有最高的标志物。某些标志物，从商业带上不多见的高层酒店上望过去时是很难辨认的。弗里蒙特街上的先锋俱乐部（the Pioneer Club）的标志会发声，它的牛仔造型有 18.29 米高，每隔 30 秒会说一次“您好，朋友！”。阿拉丁酒店上的巨大标志已派生出一种同比例的小型标志，用来标明停车场的入口。“但是，”汤姆·沃尔夫说，“它们在形式上很显眼，现有的艺术史方面的词汇派不上用场。我仅能尽力补充一些名称——飞旋标式现代主义、调色板形曲线，《飞侠哥顿》中明的螺旋警报、麦当劳式抛物线、造币厂赌场式椭圆、迈阿密海滩式肾形。”[1] 建筑也是标志物。夜晚时的弗里蒙特街，所有建筑都通体发光，但却不是靠反射聚光灯发出的光，建筑上布满霓虹灯管，本身就是光源。在各种各样的标志物中，在别处，为人所熟知的“壳牌”和“海湾”的加油站标志非常突出，如同两座灯塔。但在拉斯维加斯，出于赌场竞争的需要，它们要比你家乡的加油站标志高出 3 倍多。

---

1. Tom Wolfe, *The Kandy-Colored Tangerine-Flake Streamline Baby*,（New York: Noonday Press, 1966）p.8.

图 61 阿拉丁酒店与赌场的标志物

图 62　拉斯维加斯的标志物和建筑物

ONLY
ONLY
ONLY

VACANCY

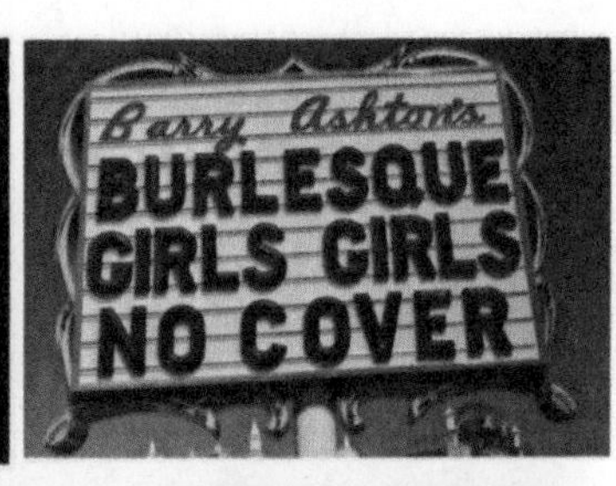
Barry Ashton's
BURLESQUE
GIRLS GIRLS
NO COVER

SHELL
SHELL

SHELL
SHELL

HOLIDAY
MOTEL
HOUSE

MOTEL
SPEED LIMIT 30

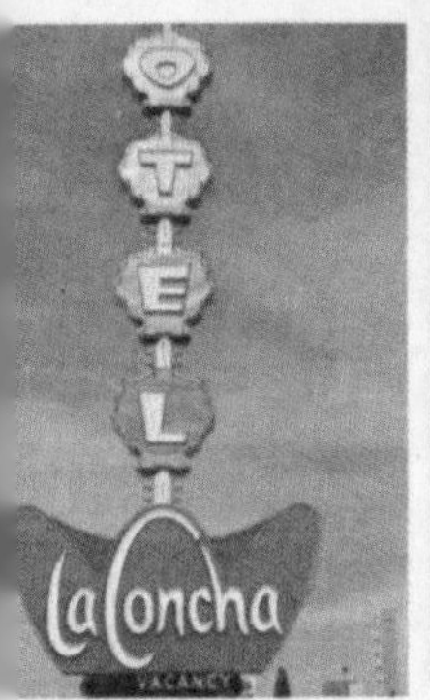
T
E
L
La Concha
VACANCY

TOWER PIZZA
RESTAURANT
BAR

5TH ST.
LIQUOR
STORE
BEER BAR

La Concha
VACANCY

9
10
VEGAS

图 63　沙丘酒店与标志物

图 64— 图 67　星尘酒店的标志物

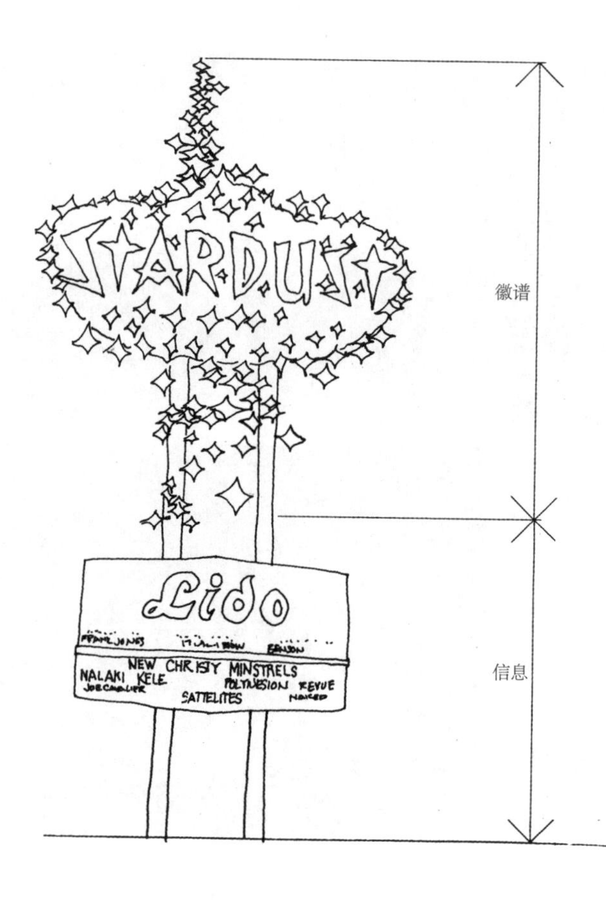

运用雕像、标志牌和标志语，以便于远距离的识别

主要信息，显眼而简洁，越详细的信息文字字号越小

图 68　典型赌场标志物的外观

十五、混杂与难以维持的秩序

亨利·伯格森（Henri Bergson）认为，无序是一种我们看不到的秩序。商业带正在浮出的秩序是一种综合性的秩序。它不像城市改造工程的容易维持而严格的秩序或巨型建筑物的时髦的“总体设计”。相反地，它表明了建筑理论方面的一个相反方向：广袤城市（Broadacre City）——也许是对广袤城市的拙劣模仿，但却能说明赖特对美国景观所做的预言。（城市扩张范围内的商业带当然是与众不同的广袤城市。）广袤城市那种舒适而有动感的秩序，统一并勾画出了以无所不能的汽车为尺度出发点的广大空间和分散的建筑。毫无疑问，每一座建筑都是由大师或其塔里埃森事务所设计的，而不是为下等酒馆搞的拼凑之作。在其排斥商业粗俗形式的普遍的美国式（Usonian）建筑语汇内易于掌控处理一些相似的要素。然而，商业带的秩序在各个层次上都包括商业的粗俗形式。从看上去不谐调的土地利用项目的混合安排，到表面上不谐调的广告媒体（加上一个用富美家牌胡桃木纹防火板来体现的、新有机风格的或新赖特式的餐馆的主题）的混合安排（图 69）。它不是一种由专家主导的并且视觉观感很舒适的秩序。人在移动的时候，他的眼睛必须能够识别并理解一系列不断变化且并置在一起的秩序，就像维克托·瓦萨雷里（Victor Vasarely，匈牙利现代光效应绘画艺术家，1927—1997 年。——译者注）的绘画中变化的图形（图 70）。正是统一性能“维持，但仅仅是维持，对组成其自身的各种冲突性要素的制约力。混乱触手可及；它之近，而非它之避，带来了……力量。”[1]

1. August Heckscher, *The Public Happiness* (New York: Atheneum Publishers, 1962), p. 289.

Concerning Strip Beautification

a message to the Strip Beautification Commission

Not the image of the Champs Elysées

trees block views of signs
grass medians are hard to maintain
lots of greenery and water raise humidity level of city

Best things strip has are signs & architecture

gas stations are all right
their standard image plays against the unique architecture of the hotels
(in fact the gas stations are tasteful in comparison with the hotels)

Model should be the Near East:
Tile
Mosaics
Maximum effect with a minimum amount of water
+ Electro-graphics

The Median of the Strip should be paved in gold

Remember the floors of the parking lots

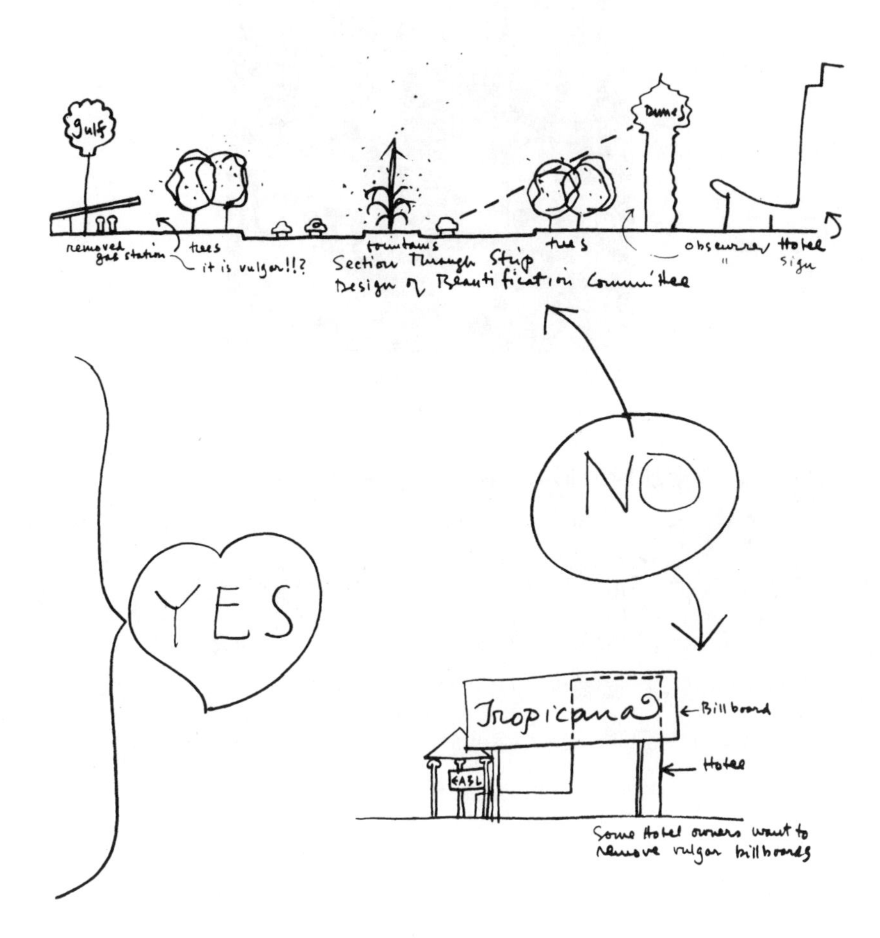

图 69　商业带美化委员会的一段宣传词

图 70 维克托 · 瓦萨雷里的绘画

十六、拉斯维加斯的形象：建筑的混杂与暗示

汤姆 · 沃尔夫采用了流行散文的方式暗示了拉斯维加斯强有力的形象。酒店小册子和导游手册则说明了另外一些（图 71）。J.B. 杰克逊、罗伯特 · 赖利（Robert Riley）、爱德华 · 卢沙（Edward Ruscha）、约翰 · 考温霍思（John Kouwenhoven）、雷纳 · 班纳姆（Reyner Banham）以及威廉 · 威尔逊（William Wilson）都曾经详细描述过相关的形象。对建筑师或城市规划师来说，拉斯维加斯与世界上其他“娱乐城”（图 72）之间的对比——例如玛丽亚温泉市（Marienbad）、阿尔罕布拉宫、世外桃源（Xanadu）和迪斯尼乐园的对比——表明娱乐城建筑的基本意象是轻松感、在不良环境中的绿洲特质，强化的象征性以及用一种新角色将游客彻底俘虏的能力：三天内他会将自己想象成为一个恺撒宫的指挥官、一位边疆的巡逻兵，或者地中海里维埃拉地区的喷气飞机阔佬，而不是艾奥瓦州得梅因市的售货员，或新泽西州哈登菲尔德的建筑师。

然而，有一些说教性的形象比娱乐性形象更重要，我们应把它们带回新泽西州和艾奥瓦州。一个是维纳斯雕像旁的“安飞士”标牌，另一个是古典山花下的杰克·本尼（Jack Benny）雕像（它边上是“壳牌”加油站），或亿万美元赌场边上的加油站。这些都展现出混合式建筑所能具有的活力，或者相反地，展现出对品位与总体设计的过度专注会带来怎样的沉沉死气。商业带展现出象征手法和暗示手法在具有巨大空间的建筑中的价值，并且证明了人们，甚至建筑师们，都能从这样的建筑中得到乐趣：它们能让人想起其他一些事情，例如伊斯兰教后宫或拉斯维加斯未开发的西部，又如美国新英格兰地区新泽西州的先驱者们。对过去或现在、平凡物品或陈年旧物的暗示与注释，以及环境中神圣和世俗的日常内容——这些正是今天的现代建筑中所缺乏的。我们可以像其他艺术家从他们自己世俗的风格之源得到灵感一样地向拉斯维加斯学习上述内容。

图 71　拉斯维加斯游客手册

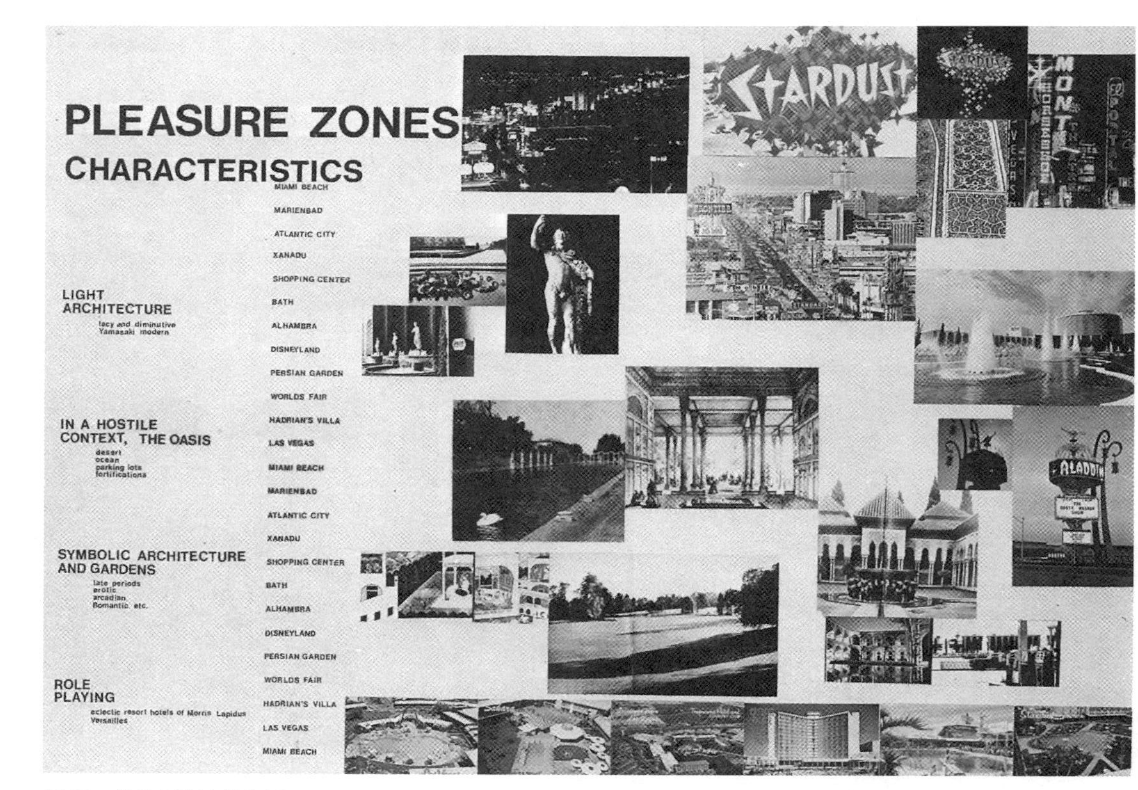

图 72 娱乐区的比较分析

波普艺术家们已经展示了一种艺术手法——将陈年旧物置于新文脉中（如将汤罐头置于画廊中）以求得新意义，并进而化平凡为非凡——的价值。在文学界，按照波里尔（Poirier）的观点，艾略特和乔伊斯（Eliot and Joyce）显示出“一种特别的脆弱性……涉及与某些城市环境或者场所相关联的地方习语、节奏及人工制品。小说《尤利西斯》（Ulysses）的各种风格受上述因素的影响很大以致于小说中乔伊斯自己的风格不明显，断断续续；没有一段完整的文字被认为具有他的风格，其风格纯粹是模仿之作。”[1] 波里尔指出这是一种“创新冲动失缺”。[2] 艾略特认为乔伊斯已经“利用手头的资料”尽力做到了最好。[3] 对这些缺乏时代性的艺术作品来说，它们是一座曾经意义深远的现代建筑留到今天的后裔，一首适合它们的挽歌或许是艾略特《东部炼焦炉》（East Coker）中的诗句：[4]

那是一种表达它的方式——不太令人满意：

在旧式的诗歌风格中做迂回的努力，

继续解决词和意义方面无法忍受的问题。

诗无关紧要……

---

1. Richard Poirier, “T.S.Eliot.” p.20.
2. Ibid, p.21.
3. T.S. Eliot, *The Complete Poems and Plays*, 1990—1950 (New York: Harcourt, Brace and Company, 1958) p.125.
4. T.S. Eliot, *Four Quartets* (New York: Harcourt, Brace and Company, 1943) p.13.

十七、工作室备忘录

1. A&P 停车场的意义 / 向拉斯维加斯学习：一个工作室的研究课题

1968 年秋，耶鲁大学艺术与建筑学院。

导师：罗伯特・文丘里、丹尼丝・斯科特・布朗、史蒂文・艾泽努尔。

学生：拉尔夫・卡尔森（Ralph Carlson）、托尼・法默（Tony Farmer）、罗恩・菲尔森（Ron Filson）、格伦・霍奇斯（Glen Hodges）、彼得・霍伊特（Peter Hoyt）、查尔斯・科恩（Charles Korn）、约翰・克兰兹（John Kranz）、彼得・施莱弗（Peter Schlaifer）、彼得・施米特（Peter Schmitt）、丹・斯库利（Dan Scully）、道格・索思沃思（Doug Southworth）、马莎・瓦格纳（Martha Wagner）、托尼・祖尼诺（Tony Zunino）。

研究计划和工作大纲是由丹尼丝・斯科特・布朗设计的，它们中的部分内容在注释中有所引用，书中摘引的学生文章已附上了学生的姓名。

2. 商业价值观和商业方法

这曾是一个技术性的工作室。我们正在开发新的工具：用于理解新的空间和形式的分析工具，以及用于描述它们的图示工具。不要说我们缺乏对社会的关注，我们正在努力训练自己以便向社会奉献相关的技能。

3. 空间中的符号先于空间中的形式：作为信息交流系统的拉斯维加斯

欢迎光临神话般的拉斯维加斯，免费的镇痛剂——可以向我们索取任何东西、空缺、空谈。

所有城市都将其信息（功能性的、标志性的和劝诱性的）传递给在城中活动的人们。在加利福尼亚州的州界处、在人们的飞机降落前，拉斯维加斯就会给人以冲击力。在商业带内存在着 3 个信息系统：“信使”系统——标志牌与标志物——占主导地位（图 2）；外观系统——建筑物外观所传达出的信息，如沙丘酒店那成片的阳台和排列整齐的观景窗无不在告诉人们：这是一家酒店（图 3），而郊区平房加了尖顶后就成了小教堂（图 4）。地点系统——加油站位于街角处，赌场位于酒店前部，有男服务员的华丽停车场位于赌场前方。商业带的 3 个信息系统密切相关，有时甚至融为一体，如在赌场的立面变为一个大型标志物时（图 5），建筑物的外形体现了它的名字的意义时，以及标志物反映了建筑的外形时。标志物就是建筑，抑或建筑就是标志物？这些相互关系，以及建筑与标志物之间的结合，建筑手法与象征主义之间、形式与内涵之间、驾车人与路边景物之间的结合，与今天的建筑学密切相关，并且被几位作者深入探讨过，但是都未被作为一套完整的体系仔细研究过。研究城区感知力和图解能力（imageability）的学生忽视了它们，而有证据表明，商业带的情况与他们的理论大相径庭。是什么使我们能在商业带的相互争夺客人的标志牌所组成的“噪声”中找到我们的目的地呢？况且，我们现有的图示工具不能很好地将商业带描述为信息提供者。在 1 ： 1200 的地图中，我们怎能表现出星尘酒店的广告牌的视觉价植呢！

4. 能诱导人的建筑

在《各人所见的景观》（*The View From the Road*）一书中，阿普尔亚德（Appleyard ）、林奇和迈耶将驾驶的体验描述为“一连串扑入观众眼睛的景象，观众此时是不自主的、有点恐惧又有点不专心，他们的视觉经过了过滤并被导向前方。”[1]

沿着道路前进时，人的感知力是限定在由恒定元素（道路、天空、街灯柱间距和黄线带）组成的结构秩序中的。当一个人适应它的时候，就会无动于衷！林奇发现，驾车人和行人沿路能看见的物体中，有一大半位于视线正前方并限于路边的物体，就像是戴上了眼罩（图 11）。（这就是为什么标志物要大而且要沿着道路。）大约 1/3 的注意力会被分散到离人最近的路边处。运动物体比静止物体吸引了更多的注意力，只有一种例外——当观察者越过一个视觉障碍，为改变方向去审视一个新景观的时候。对于驾车人和行人来说，速度是视角的决定因素。速度增加时，人的注意力范围会变窄，从细节转移到整体感觉上，转移到有决定性的点上。在汽车中人体对速度的感知几乎为零，只能依靠视觉来感知速度。从前上方掠过的物体大大增加了速度感。拉斯维加斯会不会尝试让车速慢下来，以使人能看到更多的细节并因此而去消费？（丹尼尔·斯库利和彼得·施米特）

5. 在历史传统中和 A&P 中的巨型空间

拉斯维加斯商业带回避了我们关于城市的形式与空间（无论古代的还是现代的）的概念。它与奥斯曼男爵（Haussmann）的大规模改建城市无关，与光辉城市无关。与埃比尼泽·霍华德（Ebenezer Howard）的田园城市无关，与新陈代谢派也无关，与林奇无关，与卡米洛·西特（Calmillo Sitte）或伊恩·奈恩（Ian Nairn）都无关。赖特若仍在世，会认为它是一个“广袤城市”的摹本，而槙文彦（Maki）则会认为它是一个“组团形式”的摹本。可能帕特里克·格迪斯（Patrick Geddes）会理解它。而 J· B·杰克逊则非常赞同它。

---

1. Donald Appleyard, Kevin Lynch, and John R. Myer, *The View From the Road*（Cambridge, Mass.: The M.I.T. Press , 1964）p.5.

尽管商业带的建筑物呈现出多种历史风格，其城市空间并不是师从历史空间。拉斯维加斯的空间既不像中世纪空间那样围合，也不像文艺复兴时期空间那样有古典主义的比例与均衡，更不像巴洛克空间那样有带节奏韵律的动感，还不像现代空间那样围绕自由分布的城市空间主体而流动。它再次成为一个另类。但原因何在？答案不在于其杂乱状态，而在于其新型的空间秩序，在这种秩序下，采用了混合式传播媒介（而不是单纯的造型）的建筑与汽车和公路的信息交流系统相互关联。拉斯维加斯的空间与以往我们容易把握的空间完全不同，我们原先为后者开发出的分析工具和概念工具现在需要改进，以形成新的概念和工具并让人们用来把握拉斯维加斯的空间。

理解新形式和新空间的方法之一就是将其与旧的和不同的空间进行比较。将拉斯维加斯与光辉城市和大规模改建后的巴黎相比较，将商业带与中世纪的市场街道相比较（图 8、图 12），将作为商业中心的弗里蒙特街和穿越罗马的朝圣之路进行比较，也要将“新形成’的形式与原有的对应物和来自其他文化的“组团形式”进行比较。

另一个理解新形式的方法是要仔细描述和分析现有的情况，并根据对城市现状的理解去开发出更适用于 20 世纪现实的、关于形式的新理论和新概念，并使之成为对设计和规划更适用的概念工具。这一步骤提供了摆脱 CIAM 网格的途径。但是，如何利用旧技术来描述新的形式和空间呢？何种技术能够表现商业带那种以 96.56 千米的车辆时速为设计出发点的形式和空间呢？其沙漠中的地点是如何影响拉斯维加斯的形式和空间的呢？

拉斯维加斯的公共和市政建筑表现出来自娱乐休闲建筑的影响了吗？

6. 拉斯维加斯地图（图 18—图 27、图 71）

原有建筑学和城市规划的表现技术妨碍了我们对拉斯维加斯的理解。城市是动态的、开敞的、三维的，而这些技术却是静态的、封闭的和二维的，你怎样用平面、剖面和立面去昭示阿拉丁酒店标志物的含义，或用土地利用规划图去表现金靴酒店（the Golden Slipper）的广告牌？建筑技术对于宽大的空间结构（如建筑物）是适合的，但不适于标志物那样的薄而效果强烈的物体，规划设计表现手法能够表现土地利用活动，但却过于概括，只能表现建筑物的首层，并且效果不佳。

我们需要能对抽象事物进行表现的技术，例如，用于表现“孪生现象”或展示概念和一般化的方案——一个样板赌场或城市结构中的一段——而非特定的建筑物。我们或旅游者所拍摄的拉斯维加斯的漂亮照片是达不到要求的。

你如何改造这些，来为设计师描画出一种意义（meaning）呢？又如何在平面图上把拟建建筑的各方面情况，与允许建造的建筑物之间的不同点展现出来呢？你如何按照 A 先生的感觉而不是用几何线条去表述商业带呢？又如何在 1 ∶ 1200 的平面图上展示光的呢？你如何反映起伏变化、季节的变化或者随时间产生的变化呢？

作为行为模式的拉斯维加斯

一座城市是一系列交织在一起的活动，这些活动在地上形成某种模式。拉斯维加斯的商业带不是无序扩张的，它有着自己的一套运行模式，同其他城市一样，它的模式也是依靠运输、通信技术和土地的经济价值发展起来的。我们之所以用“扩张”一词，是因为它是一种我们还未理解的新模式。作为设计者，我们的目标是找到对这个新模式的解释。

问题是：怎样使描述行为模式的传统规划方法（土地利用地图和交通运输地图）适用于拉斯维加斯那样的城市？如何将其转化为城市设计者的灵感源泉

和设计工具？有无其他方法来帮助人们将城市理解为行为系统等？

为了找到答案，我们将使用多种能代表下列内容的技术来进行试验：

（1）拉斯维加斯和商业带作为空间经济（全国性和地方性的）中的现象。

（2）对于地区而言的一般性土地开发用途和开发强度，以及对于商业带而言的详细土地开发用途和开发强度。

（3）商业带周边和商业带内部的人群活动之间的联系。

（4）地区的汽车、运输、行人、铁路及航空的控制系统，以及商业带的行人、运输及汽车的控制系统。

（5）在不同时间段内，不同类型的交通流量。

（6）沿着商业带且规模不同的人群流动与人群活动之间的关系。

（7）商业带作为休闲系统和散步大道。

这些研究将使得我们能够广泛地理解为什么拉斯维加斯的情况是现在这种样子。

7. 主街与商业带

在弗里蒙特街，赌场是人行道的组成部分（图 31—图 33）。在商业带，公共空间直接穿过赌场，并延伸进更深处的天井院，私人空间与开敞的公共空间的关系由于一系列易于感受的设计而得到调和。停车场在其他城市中与澡堂地带有大致相同的公共形象（即它们是公共的，但是人们不去注意它们），但在商业带，甚至停车场都被仪式化（ritualized）并赋予了仪式功能。公共空间、公共—私人空间（过渡性空间）和私人空间之间的关系的复杂和有趣，就像反宗教改革时期的罗马（图 23、图 24、图 42、图 43、图 52、图 54）。

8. 商业带的系统和秩序："孪生现象"

阿尔多·范·艾克（Aldo van Eyck）已将被别人所称的两极对立关系——室内与室外、公共与私人、独特与普遍——定义为"孪生现象"，因为这些对立关系在城市的每一个层面上都相互纠缠不清。

在拉斯维加斯，室外的辉煌夺目与室内的冷静昏暗之间的差异强烈得令人沮丧，然而，由于天井院内的"室外"已家庭风格化了，而且赌场大厅的照明也"夜空化"了，室外与室内因此相互渗透交叉。在赌场中白天已没有实际意义，在商业带夜晚也已被忽略。矛盾的是，标志物既适用于白天又适用于夜晚。

赌场的独特性非常惹人赞叹，但赌场后面却是毫无特点的、系统化的汽车酒店。加油站采用的是标准化的、全国通用的设计，衬托出了赌场的形象，但加油站标牌却高得独一无二。严格系统化的街道照明和道路标牌与赌场诱人的标志物形成对比，因为后者既发出引人的嘈杂声，又把赌场约束性的空间秩序掩饰起来（图 35、图 36）。一些位于商业带内的设施，如赌场、婚礼小教堂等，是市场创造者，而其他设施，如汽车酒店和加油站等，都受益于创造出的市场。

9. 商业带的建筑：汇成一本模式手册（图 42—图 49）

为了找到华丽外表后面的系统性，针对不同的建筑类型和不同的街道，我们设计了各个建筑局部，平面、墙体、煤气表、停车场、电梯（分别位于前部、后部和侧面）的一览表。借助这些元素，可以为每一座建筑物重新组合成为双重空间图表，然后，这些部分可以为每一座建筑物重新组合成为两维的空间图表，在其中设建筑物为 X 轴，设建筑物的构件为 Y 轴。可依此阅读我们所选定的一座建筑物，阅读一根柱子，阅读商业带中不同风格建筑的各个立面，以及原型的建筑物（图 42、图 43）。

加油站（图 47）

业主：石油公司的不动产部门。处理土地获取、施工、协调资金等问题。

地点：决定于交通量、土地价格及竞争情况。正面宽度通常决定价格——平均 45.72 米。

建筑物：设有 2 ~ 3 个朝向正面的服务区，还有办公室、储藏空间、顾客服务部——“旅行中心”、自动售货机和卫生间等。

样式：要考虑地区美化组织和地方区划委员会施加的压力；其他因素还包括：美孚石油公司的“现代”亭子，壳牌公司的“牧场住宅”以及通用的“殖民地式民居”（如果它前面未设加油泵，就真像你的郊区住宅了）；所使用的是住宅用材料——木材、砖、石材，建筑物的趋势是采用标准化形式，使建筑物变为标志物。

标志物：分为三个层次，分别是远距离标志（按高速公路尺度）、中距离标志（用于公路的支路）和近距离标志。

照明：加油站营业时，位于入口、出口和油泵部位的照明至关重要。石油公司大都希望照明效果最大化并且不愿采用间接照明，但昆虫干扰问题和区划委员会的要求是大问题。

服务区：油泵与油量表，遮阳篷能够防日晒和坏天气并能起到标志物的作用（如美孚公司的圆环或菲利普公司高耸的 V 形标志）。因为大多数加油站是由一两个人操作，所以必须使人能从服务区完全看清楚；同时应留出足够大的操作空间，以免碰坏油泵和设备。

“有一些对一般市民做的简单测验，能说明我们是何时将空洞的说教转化为对环境的实际行动的，在大城市中限制汽车的使用即是其中之一。另外一个就是，大广告牌——工业文明最糟糕的并近乎无用的赘生物是何时从公路边移走的……我亲自做的、也许有些价值的测验就是关于加油站的。这是两千年来最令人反感的建筑。它们的数量远远超出实际所需。通常它们是丑恶的，它们经营的商品在包装方面令人生厌，在展示方面俗气花哨。它们无法控制地沉溺于使用长串的像烂布一样的小广告旗。保护它们是大小商人串通的联盟。大多数街道和公路应当完全不设加油站。在有条件的地方应采用特许制，以限制它们的数量，并且对其建筑风格、外观和品质方面制定严格的要求。当我们开始这样处理它们（以及同类的路边商业设施）时，我认为我们的态度是很严肃的。”——约翰·肯尼思·加尔布雷思（John Kenneth Galbraith）[1]

汽车酒店（图 48）

地点：决定于交通量、与高速公路的连接情况、临街面的成本情况、能否易于看到，最近的办公室和餐厅、会议室（以吸引商人）、远离公路的卧室、接近停车场并且围在游泳池、院落等周围。

建筑物：带临时停车场的办公室与天篷区、带停车场的餐厅、常规服务设施、接近停车场的卧室（与通往其他设施的有顶棚的道路相连）、标准间尺寸为宽 4.27 米、长 8 .23 米、7.32 米或 6.40 米。从两侧都有房门的走廊进入标准间，一边设有行李架、壁橱和搁板，另一边设有带洗手池与浴室的梳妆室，有卧室与起居室两用房间，面对天井，阳台和游泳池的大推拉窗，电视机正对着床，行李架、书桌和电视柜位于一个连续的长柜上面，通常要放 1~2 张双人床，床头设有分类遥控板。

样式：室内应避免纯卧室感（就像家中一样，但稍显奢华），室外的基本组成部分采用标准化方式，以使建筑物成为标志物，就像霍华德·约翰逊饭店和假日酒店（the Howard Johnson and the Holiday Inn）那样。（彼得·霍伊特）

---

1. John Kenneth Galbraith, “To My New Friends in the Affluent Society - Greeting,” *Life*, (March 27, 1970) p.120.

10. 拉斯维加斯的照明

拉斯维加斯的日照像希腊的日照一样，使多彩的庙宇特别突出，在沙漠中非常醒目。这种特质在照片中难以再现。雅典卫城的所有照片都未能逼真反映，况且拉斯维加斯夜间的光影世界比它的日光世界更为有名。

11. 建筑的纪念性和大型低矮空间：枫丹白露宫

“如果你要去餐厅，就先上三级台阶。打开一对门，步入一个室外平台，再下三级台阶。现在，餐厅与我的前厅位于同一个平面上，但是要先上台阶才能到达平台。我已经开灯，柔和的灯光照亮了平台，就座之前，他们在平台上，就好像那是他们的角色似的。每一个人都看着他们，而他们也看着每一个人。”

——莫里斯·拉皮德斯[1]

12. 拉斯维加斯的风格

迈阿密摩洛哥酒店，国际喷气飞机豪华风格；现代好莱坞高潮，后有机主义；山崎实－贝尔尼尼以及罗马狂欢；尼迈耶－莫里斯；莫里斯－都铎（阿拉伯武士），包豪斯－夏威夷。

“人们正在找寻幻象，他们不想要世界的真实体。我问道，我在哪里能够找到幻象的世界？他们的品位是在哪里形成的？他们在学校学过吗？他们常去博物馆吗？他们到欧洲旅行过吗？仅到过一个地方——电影院。他们只去过电影院，最该死的地方。”

——莫里斯·拉皮德斯[2]

---

1. Morris Lapidus，quoted in *Progressive Architecture*（September 1970）p.122.
2. Ibid.,p.120.

13. 拉斯维加斯的标志物（图 62—图 68）

学者可以撰写关于标志物的博士论文的时代已经到来了。他或她需要文学也需要艺术敏锐性，这是因为，令标志物成为波普艺术（快速地最大化表达商业意义的需要）的因素也已使标志物成为波普文学。以下就是一个来自费城的实例：

O·R·伦普金（O.R.Lumpkin）车体服务部。矫正车身。专修事故车，能使撞凹之处完好如初。（广告语）

我们会通过以下几方面对拉斯维加斯的标志物进行分析并分类：内容与形式、功能（白天和夜晚的）与位置，以及尺度、色彩、结构和施工方法等，并尝试理解标志物的“拉斯维加斯风格”的形成原因，以及在形式与符号的不纯粹的建筑方面，我们能够向拉斯维加斯学到什么。

若要对拉斯维加斯的标志物的风格进行分析，将会通过小型的婚礼小教堂和桑拿浴室这一系列建筑来探索大师们（扬氏电光标牌公司的设计师）的影响，将加油站那千篇一律的标志物的形象与赌场那特定的、独一无二的象征性形象加以比较，同时也寻求影响艺术家与标志制造者的前后若干主导模式。上述分析也将沿着强调联想和象征性（如浪漫主义、折中主义、手法主义以及哥特式建筑的图示化）的历史性建筑进行回溯，并将这些主义与拉斯维加斯的标志物的风格紧密联系起来。

在 17 世纪，鲁本斯（Rubens）创作了一幅油画《工厂》，在画中不同的工人分别穿着布料、叶饰或直接裸体（drapery，foliage or nudes）。在拉斯维加斯恰恰就有这样的标志物“工厂”——扬氏电光标牌公司，人们可以观察和认识该公司的各个部门并与其成员交谈，问明设计师的背景，并监控整个设计进程。

对于标志设计师来说，有没有存在于建筑物中的一种私人词汇库呢？如何在标志设计之中解决形式和功能之间的矛盾呢？应仔细地给标志模型拍照。

人们怎样实际利用第 91 号大道、中心商业带、通向赌场的入口、停车场和步行通道？他们对标志物有何反应？

对驶入酒店车道的驾车人的调查报告

（1）大多数驾车人在弄清他们要去的场所的边界时，会驶进他们到达的第一个入口。

（2）大多数人忽视停车场内的标志物和由设计师规划好的内部运行方式。请注意马戏团赌场的标志物。

（3）标志物和停车场其他设备的位置似乎对停车场的使用没有什么影响。

（4）建筑物醒目的外轮廓线是人们观察停车场时的一个控制性要素。

（5）诸如恺撒宫和马戏团赌场的喷泉等视觉元素比任何其他导向性标志物更能控制驾车人。（约翰·克兰兹和托尼·祖尼诺）

混杂与难以维持的秩序

“现代系统！是的，确实是它！以一种严格按部就班的方式研究每一件事情，丝毫不偏离预设好的模式，直到天才被系统扼杀、生活乐趣也被窒息——那就是我们时代的标志。”

——卡米洛·西特[1]

“然而，如果想要找出能澄清一切的戏剧性的关键元素，是不会有结果的。事实上，城市中没有什么单一元素能够占据统治地位，只有混合体才行，而且它内部的相互支持才是秩序。”

——简·雅各布斯（Jane Jacobs）[2]

1. Camillo Sitte, *City Planning According to Artistic Principles*, translated by George R. Collins and Christiane Crasemann Collins（New York: Random House, 1965）p.91.
2. Jane Jacobs, *The Death and Life of Great American Cities*,（New York: Vintage Books, 1961）p.376.

“关键词为：比例。不论你怎么称呼它——美丽、引人注目、高品位或建筑兼容性，对电光广告牌尺寸的限制是不能保证达到上述效果的。适当的比例——图形元素间的相互关系——对良好的设计来说是必不可少的，不论设计的是布艺、艺术品、建筑还是电光广告牌。相对尺寸而做全尺寸，才是影响外观吸引力的决定性因素。”

——加利福尼亚电光标志物协会（California Electric Sign Association）[1]

应当要求商业带内的加油站与赌场（看上去）是合为一体的吗？

如何用图表形式将一个设计意图与一个源于设计控制的可能设计区别开来？

电脑城市模拟系统可以通过环境模拟尝试进行设计控制。虚拟的操作将使得控制更轻松同时更有效。

控制与美化

拉斯维加斯商业带“刚刚成长起来”，也许它的创始人将其建在城市界线外部的目的是不想受限制。然而，今天已经有了建筑物与区域控制法规和“商业带美化委员会”（图69）。在创造好建筑的美学方面委员会乏善可陈。[2]（奥斯曼男爵不是一个委员会，而是一个单人控制系统。他的权力及其成效不一定值得追求，但在今天却肯定难以达到。）委员会产生的是庸才和迟钝的城市。如果委员会被品位创造者（tastemakers）所取代，商业带中会发生什么事情？

对标志物的控制

三个主要团体提出的基本前提如下所述：

美学家：“城市环境如同信息交流的媒体……标志物应当加强并明确这种

1. “Guideline Standards for On Premise Signs,” prepared specifically for Community Planning Authorities by California Electric Sign Association, Los Angeles, Calif.(1967) p.14.
2. See Appendix.

信息交流。”

标志物行业：“标志物是有益的，对商业有好处，其结果是有益于全美国的。”[1]

法规部门：“如果你真正执行了这些最低限度的要求，我们就能为城市征收到一笔费用，你们这些绅士也就能继续‘发送—信息—接收’的功能了。”（查尔斯·科恩）

14. 拉斯维加斯的形象：建筑的混杂与暗示（图 71、图 72）

设计者所采用的形象应当非常易于解读，并且不被特别具体的东西所约束，同时又能够帮助设计者从物质角度思考城市。微笑的和喊叫的面孔或者一直坐在赌博机旁的人并不多。在设计者心目中，商业带的和赌场里那种大型低矮空间的形象或形象体系应是什么样的呢？什么技术的电影、图形或其他的方式可以用来描绘它们？

在 18 世纪、19 世纪建筑师教育中的一个有机组成部分是画古罗马遗迹的素描。假如 18 世纪建筑师发现“大旅行”和素描本可使其设计变得完整，我们作为 20 世纪的建筑师，将应当带上我们自己的拉斯维加斯“素描本”。

我们感到应当通过拼贴各种类型与尺寸的拉斯维加斯人造物（从扬氏电光标牌公司的广告牌到恺撒宫日历牌）来构建我们的拉斯维加斯形象。要建成这种拼贴画，就应收集各种图像、口号标语和实物。要知道，无论这些东西如何多样，都必须以富有意味的方式并置在一起，例如本研究中的罗马与拉斯维加斯的并置。请以对比的方式收集有关下列事物的文献：古罗马与美国的广场、诺利的罗马与拉斯维加斯商业带。

---

1. 带着浓重的怪异鼻音。——译者注

第二篇

丑陋而平凡的建筑 / 装饰过的棚屋

一、用比较法下的定义

“不是要革除固执己见，而是要尊重原型。”

——赫尔曼 · 梅尔维尔

“不断地重新开始会导致思想贫乏。’

——华莱士 · 史蒂文斯

“我喜欢枯燥乏味的事情。”

——安迪 · 沃霍尔

为了说明建筑中的新方向而不是沿袭旧有的，我们会用一些可能有些轻率的对比来说明我们赞成什么、反对什么，以便最终证明我们的建筑思想是合理的。当建筑师谈话或写作的时候，他们近乎孤立地卖弄大道理以证明他们作品的合理性，而本书也是这样的辩解书。我们的论点建立在比较法上，因为它很简单，而且很明晰。它需要用对比来说话，我们将列举出当今最主要的建筑师的某些作品进行比较和讨论，尽管方式可能不太圆融。

我们会强调图像——超越方法或形式的图像，以阐明建筑依赖于人们对以往经验的感知与理解，以及感情上的联想，并阐明这些象征性与表现性的元素经常和形式、结构与方案等与这些元素共处于同一座建筑中的事物相对立。我们将从它的两个主要表现对这种矛盾进行考察：

（1）总体的象征化形式是在何处将建筑的空间、结构及方案体系淹没和扭曲的。我们将鸭子形的驶入式餐厅“长岛鸭仔”称为鸭子，这种将建筑变成雕塑的手法在彼得·布拉克（Peter Blake）所著的《上帝自己的废物场》一书中用插图进行了描绘（图73）。[1]

（2）空间与结构的体系直接服务于设计，并且装饰得到独立的应用。我们称之为装饰过的棚屋（图74）。

鸭子是一座特殊建筑物，它本身就是一个符号；而装饰过的棚屋是运用了符号的传统遮蔽所（图75、图76）。我们坚持认为两种建筑都是有效的——夏特尔大教堂是个鸭子（尽管它也是一处装饰过的棚屋），而法尔内塞宫[2]则是个装饰过的棚屋——但是我们认为鸭子现在已无关紧要，尽管它充斥在现代主义建筑中。

我们将描述我们如何把城市扩张过程中汽车导向的商业建筑作为具有意义的公共建筑和住宅建筑的来源，这在当今是切实可行的，就像40年前世纪之交的工业语汇对空间与工业技术的现代建筑来说切实可行一样。我们将说明图形学（而不是历史性建筑的空间和广场）如何形成了研究商业艺术和商业带建筑中的联想与象征主义的背景。

最后，我们赞成将象征手法用于建筑中的丑陋与平凡的特质上，赞成正面装饰得华丽而背面则很传统的棚屋的特殊意义：因为建筑就是带有符号的遮蔽所。

---

1. Peter Blake, *God's Own Junkyard: The Planned Deterioration of America's Landscape* (New York:Holt, Rinehart and Winston, 1964) p101. See also Denise Scott Brown and Robert Venturi, "On Ducks and Decoration," Architecture Canada (October 1968).
2. Palazzo Farnese，位于意大利的罗马，建于1530—1546年。——译者注

图 73　“长岛鸭仔”（选自《上帝自己的废物场》）

图 74　道路景观（选自《上帝自己的废物场》）

图 75　鸭子

图 76　装饰过的棚屋

鸭子与装饰过的棚屋

让我们通过比较保罗·鲁道夫(Paul Rudolph)的克劳福德庄园(Crawford Manor) 与我们的基尔特公寓 [Guild House，与科普和利平科特 (Cope and Lippincott) 联合设计，图 77、图 78] 来准确描述装饰过的棚屋。这两座建筑可以从用途、尺寸和建造日期等方面进行对比：二者都是高层老年公寓，有 90 余套单元，建于 20 世纪 60 年代中期。但它们的背景是不同的；一方面，基尔特公寓尽管属于独立式的，却是仿宫殿式的 6 层建筑物，其结构及材料与周边的建筑物相同，并且通过其位置和形式，将费城的网格化平面加以延伸；另一方面，克劳福德庄园分明就是高耸的塔楼，在其沿着限制行驶的橡树街交口上的现代式光辉城市中凸显出来。

但我们所要强调的是这些建筑的形象与其结构系统之间的对比。基尔特公寓的规划与结构体系的平凡和传统性是明显的，而克劳福德庄园的规划与结构体系的平凡和传统性却看不到。

这里多插一句，我们选择克劳福德庄园用于比较并不是因为两座建筑之间有什么特别的对抗关系。事实上，它是一位技艺精湛的建筑师设计的精致的建筑物。我们原本可以轻易地选择一座更极端的建筑作为我们批评的实例。但总的来说，我们选择它是因为它能代表当今的商业建筑形象 (即它代表今天人们能在任何建筑杂志上看到的大多数建筑)，特别是因为它与基尔特公寓在基本手法上是一致的。另外，我们选择基尔特公寓作为比较会带来一种不利影响，因为它已建成 5 年了，而我们后来的一些作品更能明确而生动地表达我们现在的观念。最后，请不要批评我们把主要精力放在对形象的分析上 : 我们这样做只是因为形象与我们的论据有关，而不是由于我们想否认方法、规划和结构的重要性以及我们对这些问题的兴趣，也不想否认建筑设计中或这两栋建筑物中涉及的社会问题。和绝大多数建筑师一样，我们大概在上述其他主要问题上花费了 90%的时间，只有不到 10%的时间用在了这里所讨论的问题上，不讨论的问题不与本调查直接相关而已。

下面继续进行对比研究，基尔特公寓是带有幕墙和上下推拉窗的现浇混凝土板式结构，幕墙围合出室内空间。所用材料是普通砖，但比通常的要深一些，以便与相邻建筑那熏黑了的砖相协调。基尔特公寓的机械系统从公寓的外在形式上一点也看不出来。典型楼层平面包括 20 世纪 20 年代的公寓单元形式，以适应特殊的需要、观景和朝向，但这打破了高效率的柱网形式（图 79）。克劳福德庄园也用现浇混凝土建成，混凝土体块表面有条纹图案，而整座建筑的结构也同样是传统框架，上面砌有砖墙（图 80）。但其外观却给人另一种印象，看起来技术更先进、空间也更进步。它的支撑结构似乎是立体的并且或许由机械操纵的竖筒 [由连续的弹性材料构成，高难度的施工程序给它披上了条纹标记，使人联想起清水混凝土（béton brut）]。它们清楚地表明了流动的室内空间和结构的纯粹度（绝对不会被窗洞或者特殊的平面所打破）。室内光线可以通过结构与“浮突”的悬挑阳台之间的空间加以调节（图 81）。

为基尔特公寓提供室外光线的建筑元素就是窗户。我们借助在建筑上开窗的传统方法，刚开始时我们根本没对室外光线调节问题进行仔细考虑，而是从前人已经留好的位置着手。窗型是人们熟悉的形式，它们是窗户，也像窗户的样，因此它们的功能具有明确的标志性。就像所有给人以深刻印象的符号图像一样，设计师希望它们令人既感熟悉又感陌生。它们是传统元素，但被以略显不传统的方式运用。像波普艺术中的主体素材一样，它们是平凡的元素，用不平凡的方式使用，如（轻微的）变形、比例的改变（它们要比一般的上下推拉窗大得多）和窗边环境的变化（在极为时尚的建筑物中采用上下推拉窗，图 82）。

图 77　克劳福德庄园，纽黑文，1963—1966 年，
保罗 · 鲁道夫设计

图 78　基尔特公寓，老人住宅，并联式，费城，1960—1963 年，文丘里、洛奇、科普和利平科特联合设计

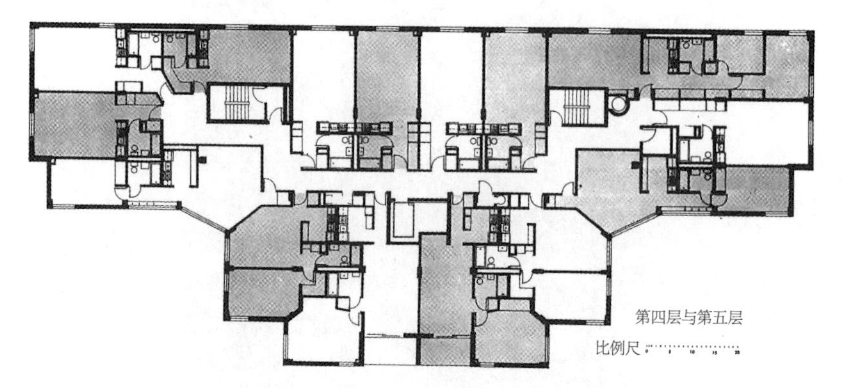

图 79　基尔特公寓，典型平面

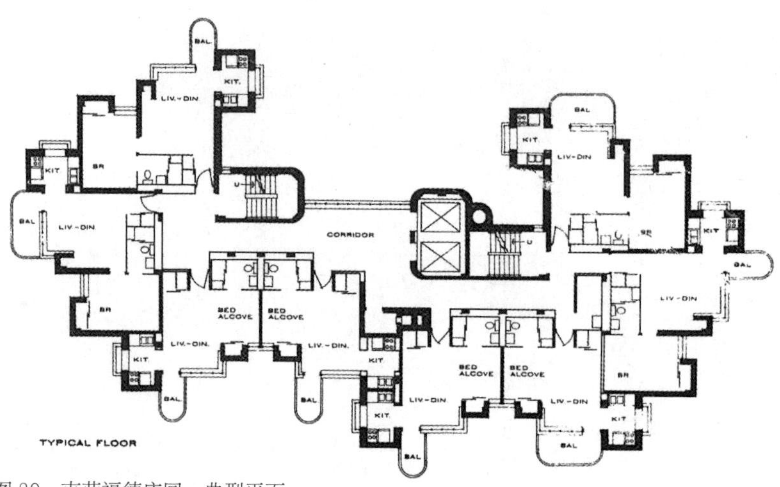

图 80　克劳福德庄园，典型平面

图 81　克劳福德庄园（局部）

图 82　基尔特公寓，窗户

棚屋上的装饰

基尔特公寓进行了装饰，而克劳福德庄园则未装饰过（图 83）。基尔特公寓上的装饰十分清晰，对被装饰的建筑来说既是强化又是矛盾，同时在一定程度上也具有象征性。建筑立面上部由白色釉面砖形成的连续条纹，与下面由白色釉面砖组成的平面一起，将建筑物分为不均等的三个层次，即基座区、主层和顶楼。这种划分与实际上的六个均等的楼层的比例相矛盾，暗示出文艺复兴式宫殿建筑的比例。中央的白色嵌板也强化入口的中心地位和尺度，它将底层延伸到了二层阳台的顶部，而其方式也正是文艺复兴式宫殿或者哥特式入口的大门的细部与比例采用的。不寻常的粗柱使入口得到强调，并使墙面不显得过于平坦，豪华的花岗岩与釉面砖能够提高入口的舒适感，同样，为了使本住宅楼入口更为优雅和有利于建筑物的出租，开发商将带暗纹的大理石用于与街道齐平的地面上。与此同时，将柱子置于入口中部能使它不喧宾夺主。

基尔特公寓上的拱形窗不是结构所必需的。与本建筑中纯粹的装饰元素不同，它反映了室内功能，即顶层的公共活动。但对于系统内部来说，大公共房间本身就是一种例外。在正立面上有一个拱形位于由阳台洞组成的中央垂直带，其底部是装饰性入口。拱形、阳台和基座使立面得到了统一，并且像一个巨型柱式一样，弱化了六个楼层，从而加强了立面的尺度感和纪念性。反过来，巨型柱式顶部是一个分离式对称型电视天线，它是镀金铝制的，既是对利波尔德（Lippold）的抽象雕塑作品的仿制，又是老年人的象征。如果在此处放一尊张开手臂的彩色圣母像将非常具象，但却不适于贵格派教徒的制度（此制度回避一切外向的符号）——一如克劳福德庄园以及大多数正统的现代主义建筑，它们拒绝装饰和形式知觉上的联想。

图 83 基尔特公寓，中部

清晰的与隐晦的联想

屋顶上的具象雕塑等装饰品，或造型美观的窗户，或任何富于才智的艺术手法对于克劳福德庄园来说都是不可思议的。它也不会炫耀从文艺复兴样式那里抄来的、用在柱子或白色带及护壁板上的材料昂贵的花饰，例如克劳福德庄园的悬挑阳台就“与结构融为一体”，它们的护栏与整体结构用的是同一种材料并且不事修饰。基尔特公寓的阳台则与结构无关，其装饰性护栏也令人想起压孔金属的传统造型，只是比例放大了（图 84）。

基尔特公寓的象征手法包括了装饰，并且或多或少地依靠观察者对于其外观的联想，它的形式与内容是统一的，不仅因为其内容本身，也因为它能带给人的联想。但是克劳福德庄园的建筑要素却与此不同，是不那么直白明晰的那种。隐藏于克劳福德庄园纯粹的建筑形式中的是一种象征手法，它与基尔特公寓的附属花饰及其明显的联想是不同的。通过联想与经验将克劳福德庄园的隐喻符号赋予简朴的建筑外观，它提供了多层的意义，而不限于源自固有的外观特征（如尺寸、质感、色彩等）的“抽象表现主义式”信息传达的意义。这些意义来自我们的技术知识，来自现代形式的设计者的工作和作品，来自工业建筑的词汇以及其他的方面。例如，克劳福德庄园的纵向轴意味着结构化的墙墩（它们并不是结构主体），由粗面的“钢筋混凝土”制成(带有抹灰接缝),容纳仆人的居住空间和机械装置存放空间(如今的厨房)，形成排气管道的轮廓（适合于工业实验室），连接照明调节装置（而不是取景窗），接合流动的空间（限于小套公寓房间但却由自身为公寓住宅表征的、非常普遍的阳台所强化），并且连接微妙地（或表现主义式地）从平面边缘凸出的规划功能。

图 84 基尔特公寓，阳台

宏伟的与新颖的，或者丑陋的与平凡的

克劳福德庄园含蓄的象征手法的内容，正是我们所称的“宏伟与新颖”的东西。尽管其实质是传统的和平凡的，但其形象却是宏伟的与新颖的。而基尔特公寓明晰的象征手法被我们称为“丑陋的与平凡的”。不代表先进技术的砖、老式的上下推拉窗、入口边的漂亮材料，以及未隐藏在时髦的胸墙后面的丑陋天线，在形象上和实质上都显然是传统的，或更准确地说是丑陋与平凡的。（我们认为，这些窗户里的家用塑料花或许可爱而平凡，却不会使得这座建筑看起来可笑得就像克劳福德庄园那些宏伟而新颖的窗户一样，图 85。）

但是在基尔特公寓中，对平凡事物的象征主义处理比上例走得更远。正立面上做作的“巨型柱式”、宫殿般的对称式组合手法、三个壮观的楼层（实际上它有六层）、顶部的一个雕塑——或者说几乎是个雕塑——暗示着宏伟的与新颖的东西。的确，本例的宏大而新颖的正立面具有讽刺意味，但正是这种将矛盾的符号并置在一起的手法——将一种符号秩序加在另一种之上——为我们组成了装饰过的棚屋。就是它使基尔特公寓成为建筑师装饰过的棚屋——而不是没有建筑师的建筑。

最纯粹的装饰过的棚屋会是某种传统的体系建筑的形式——紧密对应建筑的空间、结构和规划要求，应用了反差极大的（若将其看作环境，则是矛盾的）装饰物。在基尔特公寓中，装饰性的符号要素或多或少地成为贴花装饰：白色砖组成的平面和色带是贴花装饰，顶角处分离的街道立面，暗示着在建筑的正面，它与建筑主体是分离的。（这也暗示着与本建筑两侧旧一些的非独立式建筑的立面所组成的大街轮廓线的统一连续性。）具讽刺意味的是，因为具有少量宏大的和新颖的特征，装饰的象征性不期而然成了丑陋的和平凡的，棚屋很显然是丑陋的和平凡的，尽管它的砖和窗户使它也成为象征式建筑。虽然装饰过的棚屋有大量的历史先例，现在的路边商业建筑——10 000 美元的支架和 100 000 美元的标志物——却是我们装饰过的棚屋的直接原型。装饰过的棚屋的最纯粹的表现，以及与克劳福德庄园的最生动的对比，就在基尔特公寓的标志牌上。

图 85　基尔特公寓，窗户的细部

装饰：标志与符号，显义与隐义，族谱与外观，意义与表现

建筑上的标志牌所表达的含义就是它上面的字词的字面意义。它与建筑物中其他建筑要素表达的内在含义有着差异。一个像基尔特公寓入口处的那种大得足以让途经泉水公园街的驾车人都看得到的大型标志牌，在其明确的商业联想方面显得特别丑陋和平凡（图 86）。值得注意的是，克劳福德庄园的标志物就很不张扬，有品位而且不过于商业化，它小到了从橡树街口快速行驶的汽车中难以看到的程度。但是作为提示性符号的标志牌，尤其是大型商业化的标志牌，在克劳福德庄园这类建筑物中便成了令人厌恶的事物。基尔特公寓的身份不是用明晰的显义式信息表达的，也不是用“我是基尔特公寓”的字样表达的，而是用纯粹建筑形式的外观作为含蓄的隐喻，以特定的方式表达出该建筑是供老年人住的。

我们借用了“显义”和“隐义”的简单字面意义上的差异，并且将它们应用于建筑谱系学和外观的要素之中。更清楚地说，表达“基尔特公寓”这一含义的标志牌是通过它的词汇来表达意义的，这样，它成了最卓越的族谱要素。图形符号的特征意味着高贵的地位，然而矛盾是，图形符号的尺寸则意味着重商主义。标志牌的位置或许也意味着强调入口。白色釉面砖的隐含之义是平凡的红砖上独特而醒目的装饰品。通过建筑立面上的白色区和装饰带的位置，我们用隐义法暗示了宫殿式的，因而也具有宫殿的比例和雄伟的楼层平面。上下推拉窗显示了其功能，但是它们的分组意味着家庭生活及平凡的意义。

符号显示特殊的意义，内涵提示总体的意义。同一个要素能有显、隐的双重意义，而且这些也会是相互矛盾的。通常，当一个元素的含义是显义式时，

它有赖于族谱(heraldic)特征；而当其为隐义式时，要素有赖于其外观的特质。现代建筑（克劳福德庄园即一典范）已经越来越倾向于不在建筑中使用族徽式和显义式手法，而是过于偏重外观和隐义式手法。现代建筑使用的是具表现性的装饰，回避的是显义式象征性装饰。

总而言之，我们已在形象的内容方面和形成形象的方法方面分析了基尔特公寓和克劳福德庄园。表 1 列出了按照此方法对基尔特公寓和克劳福德庄园进行的对比。

图 86　基尔特公寓，标志

表 1　基尔特公寓与克劳福德庄园的比较

基尔特公寓	克劳福德庄园
意义式的建筑	表现式的建筑
明晰的“显义式”象征	含蓄的“隐义式”象征
象征性的装饰	表现性的装饰
实用的装饰	整体化表现主义
混合媒介	纯粹建筑
用附加表层元素的方式装饰	各种元素整体上协调的非装饰性
象征主义	抽象性
具象艺术	“抽象的表现主义”
唤起人联想的建筑手法	创新的建筑手法
社会信息	建筑内容
宣传	建筑的话语
高尚的和粗俗的艺术	高尚艺术
渐近性的，利用历史先例	革命性的，进步性的，反传统的
传统的	独创的，独特而新颖的
表达新意义的旧词汇	新词汇
平凡的	非凡的
适宜的	壮观的
正面美观	各面均美观（至少均统一）
非连续式	连续式
传统技术	先进技术
体现出城市扩张的趋势	体现出巨型结构的趋势
以业主的价值观为出发点	试图通过涉及艺术和形而上学方面的内容提升业主的价值观和（或）预算
给人廉价的观感	给人昂贵的观感
“令人生厌的”	“令人感兴趣的”

令人生厌的建筑会令人感兴趣么?

如果单从基尔特公寓的平凡性来看，它是否令人生厌？若单从克劳福德庄园生动的阳台来看，它是有趣的么？也许尚有其他方法？我们对克劳福德庄园及它所代表的建筑物的批评不是说教性的，也不与所谓的建筑中的正直态度或形象与实质之间的联系的缺乏有关，虽然克劳福德庄园看起来宏伟而新颖，但的确丑陋而平凡。我们责备克劳福德庄园并非因为其“不诚实”，而是因为其表里不一。我们将尽力揭示，克劳福德庄园及其所代表的建筑，在方法和建筑形象的内容方面，是如何用下列方式使自己变得贫乏的：拒绝显义式装饰和历史建筑中丰富的图像学传统，并且回避（或忽视）它用以取代装饰的隐义式表现手法。当它放弃折中主义的时候，现代建筑便大量采用象征主义，它推行的是表现主义，集中于对建筑要素自身的表现：对结构和功能的表现。它通过建筑的形象暗示出改良主义-进步式的社会和工业目标，而在现实当中这些目标很少能够实现。通过将其自身局限于对空间、结构和规划等纯粹的建筑元素进行清晰响亮的表达，现代建筑的表达手法已经变成一种枯燥的表现主义，它空洞而令人生厌——而且最终也是不负责任的。具有讽刺意味的是，当今的现代主义建筑在拒绝了显义式象征主义和琐碎的拼贴化装饰的同时，却将整座建筑扭曲成了一个大装饰物。在用“清晰表述”取代了装饰后，现代建筑已成为一只鸭子。

二、历史先例和其他先例：面向老建筑

历史上的象征主义与现代建筑

建筑师创造了现代建筑的形式，批评家分析了现代建筑的形式，他们的根据是现代建筑形式的感性特征和源于联想的符号意义。让现代人谈对遍及我们环境的符号体系的认识，他们通常会提到现代符号体系的衰败。虽然其中的大部分已被现代建筑师们所遗忘，但是建筑象征主义历史先例仍然存在，图像学的复杂性仍然是艺术史学科的主要内容。早期的现代建筑师不屑于历史上的手法，他们拒绝将折中主义和风格作为建筑的要素，他们的建筑几乎完全以技术为基础，所以他们也拒绝了大量减少革命性特征的复古主义。第二代现代建筑师仅仅承认历史的"构成事实"，就像西格弗里德·吉迪恩（Sigfried Giedion[1]）所提炼的那样（他将历史建筑及其广场抽象为光线中的纯粹形式与空间）。建筑师们致力于将空间作为建筑品质的代表，这导致他们将建筑物作为形式，将广场作为空间，将图像和雕塑作为色彩、肌理和尺度加以审视。在抽象表现主义绘画风行的 10 年里，建筑群成了建筑物的抽象表现。中世纪建筑文艺复兴时期建筑的图像形式和装饰都被简化为数种服务于空间的肌理，手法主义者建筑符号的复杂性和矛盾性因为其形式的复杂和矛盾而被推崇，人们喜爱新古典主义建筑，是因为简洁的形式而不是因为它们以浪漫主义的方式运用了联想。建筑师们喜欢 19 世纪火车站的背面（即棚屋），并容忍了正立面与历史折中主义的偏离（如果有趣的话）。麦迪逊大道的商业艺术家发展的符号系统，构成了城市扩张区的符号氛围，但没有得到建筑师的承认。

---

1. Sigfried Giedion, *Space , Time and Architecture* (Cambridge, Mass.: Harvard University Press, 1944) Part Ⅰ .

在 20 世纪 50 年代和 60 年代，这些现代建筑的“抽象表现主义者”承认了山城 - 广场综合体的一个维度：其“步行者的尺度”以及因其建筑所产生的“城市生活”。这个中世纪城市规划的观点，促成了对巨型结构（抑或巨型雕塑？）的想象——这里指的是经过技术修饰的山城，同时也强调了现代建筑师反对汽车的偏见。但是中世纪城市建筑物和广场的标志物与符号在感性特征和意义各个层面的竞争，都因建筑师的空间导向而不复存在了。除了在内容上不相干外，符号的尺度和复杂程度对于敏感度不高和步调匆忙急躁的今天而言太精细了。这也许能够解释一个具有讽刺意味的事实——我们那一代的某些建筑师重新运用图像学，是通过 20 世纪 60 年代早期波普艺术家的感受力、鸭子与第 66 号大道的装饰过的棚屋：从罗马到拉斯维加斯，又从拉斯维加斯回到罗马。

作为鸭子和棚屋的大教堂

用图像学的术语来说，教堂便是一种装饰过的棚屋和鸭子。作为一件建筑作品，雅典的晚期拜占庭式大主教堂是荒唐的（图 87）。它“比例失当”：它的小尺度不足以适应它的复杂形式，即如果其形式必须由结构决定的话，方形房间所围合的空间便不必有室内支撑和穹顶、鼓座与拱顶等复杂的结构。然而，作为鸭子它并不荒唐——作为希腊拱顶，它的结构是从大城市的大型建筑中发展出来的，但在这里却是以象征手法代表大教堂。

亚眠教堂（Amiens Cathedral）是一座以建筑物为背景的大广告牌（图 88）。哥特式教堂由于不能在正面和侧面之间形成“有机的统一体”而被认为是弱化的。但是这种分离是一座综合建筑物中的固有矛盾的自然反映，建筑面向教堂广场，前部是一个二维平面广告牌，其后部是一座砖石砌筑的建筑物。这是装饰过的棚屋通常具有的形象与功能之间矛盾的反映。（后面的棚屋也是一个鸭子，因为它的形状是一种十字形交叉体。）

法兰西岛(Ile de France)的大教堂的正立面从整体上说是二维的平面，它们在顶部演化成为高塔，以同周边的乡村联系起来。但从细部来说，这些立面自身就是建筑物，以强烈的立体式浮雕摹仿空间的建筑形式。放雕塑用的壁龛——正如约翰·萨莫森爵士(Sir John Summerson)指出的——也是“建筑中的建筑”的另一个层次。壁龛及雕塑的象征性与明确的联想指示，以及在立面上天国形象的等级秩序中它们所在的相对位置及尺寸，产生了极为复杂的含义，而该含义则形成了雕塑正立面的效果。在这个信息的协奏曲中，现代建筑师的隐义式手法并不重要。事实上，该立面的形状掩饰了它后面的中殿和走廊的轮廓，正门与玫瑰窗正反映了建筑物内部复杂的空间。

图 87　Metrople 大教堂，雅典

图 88　亚眠教堂西立面

拉斯维加斯的标志演化

正如几十年间风格变化与符号变化所体现出的典型哥特式教堂的建筑演变轨迹，相似的演变——现代建筑中极少发生的——也跟随着拉斯维加斯的商业建筑的产生而发生了。然而，在拉斯维加斯，这种演变仅在几年之内而不是几十年内就完成了，这反映出我们较快速的时代节拍，如果不是宗教宣传多过无休止的商业信息，演变的速度会更快。拉斯维加斯的演变一贯趋向更大更多的象征性。弗里蒙特街的金块赌场就是20世纪50年代的主街上带有大型标志物的正统的装饰过的棚屋——其外观很丑陋而且平凡，且商业性十足（图89）。到了20世纪60年代，那里已经遍布标志物，再也难以见到建筑物了（图90）。“电子化图像”标志物制作得更加尖锐刺耳，以适应最近10年来出现的尺度更加粗大、更能够吸引人的注意力的语汇，时时保持着与邻近建筑的竞争。商业带上的独立标志物，如意大利圣吉米尼亚诺（San Gimignano）的塔楼，其尺寸做得更大了。它们通过连续的更新而演化，如弗拉明戈酒店（the Flamingo）、沙漠酒店（the Desert Inn）和热带酒店（the Tropicana）等，或通过扩大而演化，如恺撒宫增大标志物的方式：一个独立而饰有山墙的庙宇正立面的两侧分别加建了一根顶部带有雕塑的柱子，由此沿着横向分别延展开来——这是一个未曾尝试过的处理方式，更是整个古典建筑发展史中从来没有解决过的难题（图91）。

图89 金块赌场，拉斯维加斯，1964年前

图90 金块赌场，拉斯维加斯，1964年后

图 91 恺撒宫，扩建的标志物

文艺复兴与装饰过的棚屋

文艺复兴时期建筑的图式绝少像中世纪或商业带的建筑那样公开张扬而暴露，尽管它的装饰物基于罗马古典建筑语汇，是一种使得古典文明复活的工具。然而，这种装饰大多数表现结构——它是结构的装饰标志——相对于中世纪和商业带建筑上的装饰物，它更依赖于所附着的棚屋（图 92）。结构及空间的图像没有与结构和空间的主体抵触，而是起了强化作用。壁柱表现为墙面上体块的力量支持，凸角表现墙面的结束，垂直的线脚保护墙体边缘，接缝粗糙的石砌基础支撑着墙体的底部，滴水檐口会保护墙体不受雨水侵蚀，水平的线脚逐级进入墙体的台阶，许多门边缘装饰物的混合体象征着墙体立面门的重要性。尽管这些构件中的一部分具有功能性，例如滴水檐口（但是壁柱就没有），所有构件都象征性明确，将建筑物的精巧与罗马的光荣相联系。

图 92　观景台庭园，梵蒂冈

但是文艺复兴图式并不是完全结构化的。门的“谱系”是一种标志。例如弗朗西斯科・博罗米尼（ Francesco Borromini ）的巴洛克立面浅浮雕的象征性非常丰富——宗教、朝代及其他。吉迪恩以其对于意大利四喷泉的圣卡洛教堂（ San Carlo alle Quattro Fontane ）立面的精彩分析把对应的层级、起伏的节奏，以及形式与外观的微妙比例描述为构成建筑的抽象元素，与街道外部空间相联系，但却与它们包含的象征性意义的复杂分层无关。

意大利的宫殿同样是典型的装饰过的棚屋。它经历了由佛罗伦萨到罗马的两个世纪，形成了这样一个布局：套间环绕一个矩形带拱廊的中庭，入口位于一个立面的中间，一个三层立面随意布置着夹层。这个布局是一系列风格与构成变化的长期基础。建筑物的脚手架分为三层，与粗接缝逐渐缩小的斯特罗齐宫（ the Strozzi Palace，位于意大利的佛罗伦萨，建于 1489—1539 年。——译者注）的相同，与带有类似三层壁柱构架的鲁切拉伊宫（the Rucellai）相同，也与饰有强调装饰性中央开间的角柱与水平体系的法尔内塞宫相同，也与奥代斯卡尔基宫（the Odescalchi）相同，奥代斯卡尔基宫形成庞大序列的纪念性的三层高的形象是最令人难忘的（图 93、图 94）。对 15 世纪中期到 17 世纪中期的意大利公共建筑物发展史所做的重要评价的基本原理，正是基于棚屋的装饰性。相似的装饰物修饰后来的广场、商业建筑和非严格意义上的中庭。卡森・皮列・斯科特（ Carson Pirie Scott ）百货商店位于底层低浮雕上的一处坚固的生物模式的转换层，其尺度经精心设计，以吸引消费者的注意力；而形成强烈对比的是，它的上部是一个具有丑陋的和平凡的象征性的传统闷顶（图 95）。一座霍华德・约翰逊式高层汽车酒店的传统棚屋与其说是宫殿，不如说是板式光辉城市，但其饰有山墙的门道具有明确的象征性，门道是一个饰有桔黄色瓷釉的坚固构架，如果我们认可尺度的变化和由城市广场到波普艺术扩张导致的文脉变迁，可以认为该门道与贵族式宫殿的入口上部带有封建式顶饰的古典山墙相得益影（图 96）。

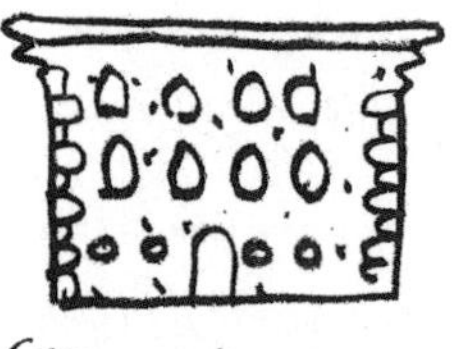

STROZZI 斯特罗齐宫

FARNESE 法尔内塞宫

RUCELLAI 鲁切拉伊宫

ODESCALCHI 奥代斯卡尔基宫

图 93、图 94 宫殿立面

图 95 卡森·皮列·斯科特百货商店，芝加哥

图 96　霍华德·约翰逊汽车酒店和餐厅，弗吉尼亚州，夏洛茨维尔

19 世纪的折中主义

19 世纪的典型折中主义在本质上属于功能的符号化，尽管有时候表现为民族主义的象征性——例如，法国亨利四世的文艺复兴样式、英国的都铎样式。通常建筑风格与建筑类型是一致的。在那个时候，银行是象征公共责任与传统的古典式长方形建筑，商业建筑像是市民住宅，大学模仿了牛津和剑桥哥特式样院校（而非古典式样）形成“防卫性”符号，就像乔治·豪（George Howe）所认为的，它往往“在经济决定论的黑暗时代执起人道主义的火炬”[1]，在哥特式建筑形式与装饰风格建筑形式之间为中世纪英国教堂选择建筑形式，反映了牛津运动与剑桥运动之间的教义差别。汉堡包形状的出租车候客处是一个流行的、试图通过联想表现功能的精确形式，但它并非一种明确的宗教表达词汇，而是一种商业化的宣传方式（图 97—图 99）。

1. George Howe, “Some Experiences and Observations of an Elderly Architect,” Perspecta 2, *The Yale Architectural Journal*, New Haven（1954）p.4.

图 97　折中主义式的银行

图 98　折中主义式的教堂

图 99 汉堡包式的出租车候客处，德克萨斯州，达拉斯

唐纳德·德鲁·埃格伯特[1]一次在装饰艺术学院（ the Ecole des Beaux-Arts ）——坏家伙的避难所——发表了关于罗马价值观统领中世纪的分析，他认为，借助于联想的功能主义是一个领先于物质功能的象征性体现，物质功能主义是现代运动的基础：图式领先于物质。埃格伯特还讨论了 19 世纪新建筑类型的外观表达功能与风格表达功能之间的均衡性。例如，火车站便是由于铸铁棚屋和大钟而易于辨认的。这些外观符号与前部候车空间及站台空间带有文艺复兴折中主义倾向、徽谱意义明确的标志物形成对比。西格弗里德·吉迪恩称这种相同建筑物之间的、人为造成的差异是明显错误的矛盾——是一种 19 世纪的“知觉分裂”——因为他认为建筑学是不包括象征意义构件的技术与空间。

1. Donald Drew Egbert, “Lectures in Modern Architecture”（unpublished）, Princeton University, c.1945.

现代装饰

现代建筑师开始把后立面前置，将棚屋结构符号化，从而为他们的建筑创造一种语汇，但是在理论上否认其实践中的所作所为，他们是说一套做一套。“少”也许已经是“多”，但像密斯的耐火工字钢柱，就是像文艺复兴支柱上的壁柱或者哥特建筑中带有雕刻的柱子一样的复杂装饰物。（事实上，“少”成了更“多”的构件。）无论承认与否，自包豪斯击败装饰艺术风格和装饰艺术以来，现代装饰都很少成为各种非建筑的符号。更为特殊的是，它的内容一贯是空间化的和技术性的。就如同古典柱式的文艺复兴式建筑的语汇一样，密斯的结构化装饰，尽管与它装饰的结构相互矛盾，却从整体上丰富了房屋的建筑学内容。如果古典柱式象征着“罗马黄金时代的复兴”，现代的工字梁就代表着“现代技术对于空间的真正表达”——或者类似的意义。应当注意的是，正是这些工业革命的“现代”技术被密斯用符号表现，而这种现代技术不是流行的电气技术，一直是当今现代建筑设计中的象征主义的源泉。

装饰与室内空间

密斯式工字钢的附饰物表现为裸露的钢框架结构，通过复杂的装配连接它们使下部必要的大体积封闭式耐火框架看起来比较纤细。密斯在其早期的室内设计中使用大理石饰面对建筑空间加以界定。巴塞罗纳博览会德国馆、三权广场（the House with Three Courts）和其他那个时期的建筑物中的大理石以及类似于大理石的板材，要比晚期的室外壁柱更少象征性，尽管大理石有豪华的饰面及它的贵重意味着富有（图 100）。尽管，这些“流动的”板材现在几乎被错认为是 20 世纪 50 年代抽象表现主义者的画架绘画，他们的目的是要在线性的钢结构框架内说明并连接流动的空间。装饰成了空间的仆从。

巴塞罗那博览会德国馆中的科尔比雕像也许已经包含了象征性的联想，但它的主要用途是强调和引导空间，它通过对比强调了其周围的机械美学形式。随后涌现的一代现代主义建筑师使得这些指向性板材和起强调作用的雕塑成为展览馆与博物馆展示所接受的传达信息并引导空间的方式和手段。密斯的形式元素富于象征性而不具信息性，它们将经机械加工的元素与天然元素进行对比，通过将现代建筑与非现代建筑对比来说明现代建筑。密斯及其追随者都不采用象征性的形式去传达建筑意义以外的东西。密斯设计的社会现实主义会像小特里阿农宫[1]中的 WPA 壁画一样是不可想象的（除了平屋顶本身是 20 世纪 20 年代社会主义的一个符号）。

同样在文艺复兴式建筑的室内，装饰物与大量灯具一起用以指示和强调空间。但是这里的设计与密斯的室内设计相反，是建筑构件在起装饰作用——加强形式和标志围合空间的框架、装饰板条、壁柱和楣梁，但是建筑表面的作用并不明确。在风格主义建筑 Pio V 赌场（Casino Pio V）的内部，壁柱、壁龛、楣梁以及檐口淡化了空间的本性，也使得墙壁与拱顶之间的差别变得含糊不清，因为这些传统上由墙体界定的构件，延伸到了拱顶的表面（图 101）。

在西西里岛上的拜占庭式 Martorama 中，就没有建筑净化或者风格主义含糊的问题（图 102）。相反地，室内陈设使空间窒息，它的模式伪装了所装饰的构件形式。装饰性的模式几乎是独立于、有时也是对立于墙体、墙墩、拱腹、

1. Petit Trianon，位于法国凡尔赛，建于 1762—1768 年。——译者注

拱顶以及圆屋顶的。这些形式外缘是圆形的，与连续的马赛克面层相互协调，金色的马赛克背景进一步柔化了几何形体，而在朦胧的光线之中偶尔有强光照射突出的标志物，空间被分割，置于散光之中。位于宁芬堡（Nymphenburg）的阿马林堡狩猎小屋（Amalienburg pavilion）上镀金的贝类装饰物与浅浮雕的作用相似（图 103）。带着某种作用的浅浮雕如同在墙身和家具、五金以及壁灯台上的胡拼乱凑，由玻璃和水晶架映照着，被强灯照亮却由于平面和剖面的含混、模糊的轮廓而有朦胧之感，空间在游移松散的光线中被分割。值得注意的是，洛可可式的装饰几乎不具象征性，也完全不具宣传性。它使得空间变得模糊，但是那些装饰物依然是建筑化的，在拜占庭式教堂里，宣扬性的符号遍布整座建筑。

图 100　带有三组庭园的住宅，自卧室的透视，密斯・凡・德・罗绘制

图 101　Pio V 赌场，罗马

图 102　Martorama 城，巴勒莫（意大利西西里西北部城市，濒临第勒尼安海）

图 103　阿马林堡狩猎小屋天花，宁芬堡（德意志联邦共和国的慕尼黑市郊区）

拉斯维加斯商业带

夜间的拉斯维加斯商业带如同 Martorama 的室内空间，是暗夜里的一个标志图像，但是就像德国阿马林堡狩猎小屋一样，它在闪烁而不是发光（图 104）。任何对围合空间或方向的知觉均来自被点亮的符号，而不是被照亮的符号（图 105）。拉斯维加斯商业带中的光源是直接的，标志物本身即是光源。与大多数广告牌和现代建筑的情况一样，它们不反射外部（有时候是隐藏式的）光源发出的光线。霓虹灯机械运动的速度要比马赛克闪烁的速度快，这依赖于太阳的运行及观望者的速度；商业带上光线强度同它的运动速度一致，适应于我们的技术能力允许的并与我们的知觉反应相对应的更大的空间、更快的速度以及更大的影响。同样，我们的经济发展速度促使可随意改变的和可任意使用的环境装饰成为广告艺术。现在广告词已不同于从前，但是不管它们怎样的不同，所采取的方法却都是相同的，建筑不再是简单的“熟练、精确和华丽的光影中的体量表演”。

白昼的拉斯维加斯商业带不再具有拜占庭式的风格（图 106）。建筑的形式很醒目，但是相对于标志物的视觉影响及象征性内容就逊色了。城市扩张区的空间不再像传统城市那样具有封闭性和导向性。相反地，它是开放的和不确定的，需要借助空间中的地点和场地的模式对其加以鉴别；这些是空间中平面化的形式或者雕塑符号，而不是空间中图示化的或具象的复杂建筑物。作为符号，标志物和建筑借助于它们的方位来界定空间，空间由公用设施、街道和停车模式等得到进一步的界定和指引。在居住区，朝向街道的住宅方位、其装饰过的棚屋的建筑风格以及它们的景观设置和草地上的装置，如车轮、成列布置的信箱、成组的灯具和开口的栅栏，替代了商业区标志物，能够定义空间（图 107、图 108）。

就像古罗马城市广场（Roman Forum）上的复杂建筑群体，若仅感知到它的形式而排斥其象征性内容，那么日间的拉斯维加斯商业带看起来毫无秩序。与商业带相类似，古罗马城市广场也是符号的景观，其各种象征意义通过道路和建筑的方位、表现早期建筑风格的建筑以及随处可见的雕塑得到清晰的体现。表面上看古罗马城市广场肮脏而混乱，但是从象征性的角度去观看，那里却包含了丰富的意义。

在今天看来，古罗马的一系列凯旋门是广告的原型（尺度、速度和内容都发生变化）。建筑上的装饰物，包括壁柱、山形墙檐部和带凹口的装饰镶板等，都是一种使得其姿态更加趋近于建筑形式的浅浮雕。它与同外立面并存的浅浮雕和碑铭一样具有象征性（图 109）。

古罗马城市广场上的凯旋门和广告牌一样，具有传达信息的功能，同时也是复杂的城市景观中用于引导道路的空间标记。在第 66 号大道上，角度不变的广告板迎着来往车辆而排列着，其间距和与道路边线的距离是标准距离，起着相似的形式空间的功能。在工业扩张区中，通常最亮的、最清楚的和保养最好的构件是广告板，它们遮挡和美化了景观。像阿皮亚古道（Via Appia）旁的墓碑的外观（它的尺度也发生了变化），它们指示着通过大空间远离城市扩张区的方向。但是这些形式、区位和方向的空间特征，对于它们的象征性功能来说是属于次要的。沿着高速公路设置的大幅图像和坦尼娅（Tanya）人体照片广告牌，一如记录君士坦丁（Constantine）胜利的碑刻和浅浮雕，其宣传效果要比界定空间的作用更重要（图 110）。

图 104　弗里蒙特街，拉斯维加斯

图 105　夜间的拉斯维加斯商业带

图 106 白天的拉斯维加斯商业带

图 107 拉斯维加斯城郊的住宅区

EVEN MAILBOXES CAN BE CHARMING

Rural mailboxes need not be drab. Here are four ingenious ideas which four Pennsylvania residents used to dress up their roadside receptacles and brighten the mailman's day.

Since the conventional box resembles the engine hood of a tractor, one farm owner added spoke wheels, a seat and steering device, as well as a midget muffler to complete the picture. Another welded horseshoes together for a mailbox support.

Another refashioned the rounded mailbox roof into miniature, old-time Conestoga wagon, a broad-wheele vehicle resembling the covered prairie schooners. Fo small wooden wheels were attached to the bottom the box, and the body was painted to simulate a ca vas-stretched shelter.

Still another attached his mailbox to an iron wate pump located along the road, and he added his nam plate to the handle of the brightly-painted pump. No he just pumps for his mail!

图 108　拉斯维加斯郊区的邮箱

图 109　君士坦丁凯旋门，罗马

图 110　坦尼娅人体照片广告牌，拉斯维加斯

城市扩张区和巨型结构

丑陋的和平凡的建筑在城市中的表现以及装饰棚屋要比巨型结构更接近城市扩张区（图 111、图 112）。我们已经解释过，商业化的本土建筑是象征主义的一个生动的设计源泉。在关于拉斯维加斯的研究中我们描述过，在以远距离和高速度为内容的令人难以忍受的汽车景观中，空间符号胜过空间形式，纯粹建筑空间的巧妙已一去不复返。但是城市扩张区的象征性依赖于它的住宅建筑，而不仅是商业带那些醒目的路边广告信息（即装饰过的棚屋或者鸭子）。尽管低层住宅可以分为错层式的或者其他形式的，但是都会按照几种固定的模式统一于固有的空间形态，它镶嵌有各类统一的装饰品，形成殖民地式的、新奥尔良式的、摄政时期式的、西部式的、法语省的、现代的和其他类型的风格。花园住宅——特别是那些西南部的——一样是装饰过的棚屋，其散步用的庭园，就像汽车酒店的一样，与汽车分离开却又贴近它。城市区与巨型结构的对比见表 2。

表 2　城市区与巨型结构之间的对比

城市区	巨型结构
丑陋与平凡	宏伟与新颖
依赖外观的象征主义	拒绝外观的象征主义
空间符号	空间中的形式
图示	形式
混合媒介	纯粹建筑
商业艺术家设计的大型标志	平面艺术家设计的小型形式（并且只有在十分必要的情况下）
汽车环境	后汽车环境与前汽车环境
汽车	公共交通
重视停车场并且模仿步行者	“纯粹”的建筑但以步行者的便利为中心目标，它不负责任地忽视或者尝试使停车场广场化

续表

城市区	巨型结构
迪斯尼乐园	广场
由销售人员促进	由专业人士提倡
可行的、正在建造	技术上也许可行，但社会和经济条件下不允许
大众的生活时尚	“恰当”的生活时尚
历史风格	现代风格
适用类型学模型	使用原创性
过程的城市	即时的城市
广袤城市	光辉城市
外观可怕	形成美观模式
建筑师不喜欢	建筑师喜欢
20 世纪信息技术	19 世纪工业景观
社会现实主义	科学虚构
便利	沉溺于技术
权宜之计	幻想的
模糊的城市图式	传统的城市图式
至关重要的混乱	“总体设计”（和设计评论委员会）
市场化的建筑物	人性化的建筑物
这一年的问题	旧建筑革命
不同类型的形象	中产阶级知识界的形象
困难的形象	容易的形象
困难的体系	容易的体系

扩张式的城市形象（图 113）是一种过程的结果。在这方面它遵循现代建筑的法则：形式服从功能、结构和建造方法，即服从于建筑的设计。然而在我们的时代，尤其为了形象，巨型结构（图 114）成为了对标准的城市规划和建造过程的曲解。如果现代主义建筑师同时支持功能主义和巨型结构，那么他们是自相矛盾的。当他们在商业带见到过程的城市形象时，他们没有认出来，因为它太常见，同时也与他们所认可的差异太大。

图 111　拉斯维加斯商业带

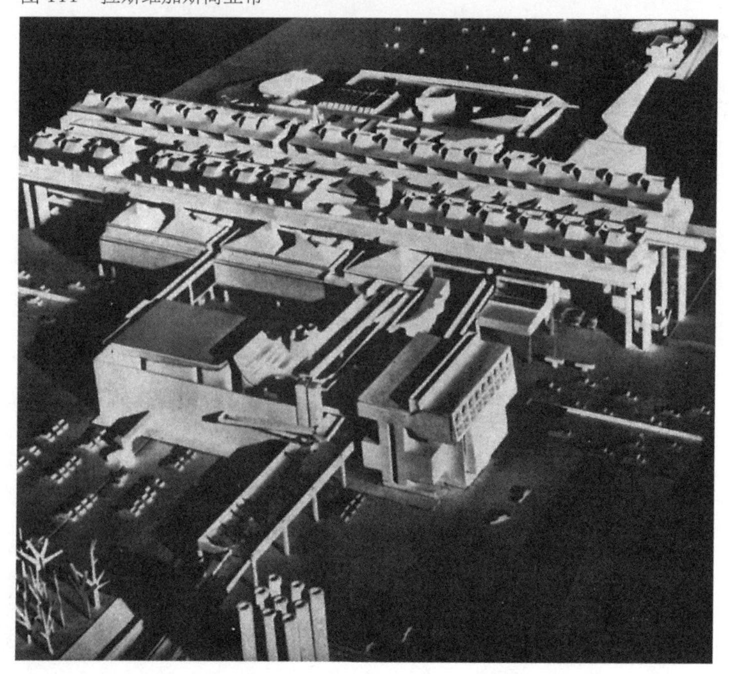

图 112　苏格兰坎伯诺尔德，城市中心区，坎伯诺尔德开发公司

图 113　住宅区

图 114　1967 年蒙特利尔世界博览会生境馆，莫瑟·萨夫迪设计

三、丑陋平凡论以及与之相关的和对立的理论

丑陋平凡论开端及其进一步定义

这里我们将描述我们作为建筑师的经验，以解释我们如何接触丑陋的与平凡的建筑。在《建筑的复杂性与矛盾性》（*Complexity and Contradiction in Architecture*）出版之后[1]，我们开始认识到在本事务所的作品中很少一部分是复杂的和矛盾的，至少与它们的象征性内容相比，其空间及结构等纯粹的建筑本质特征就不是如此。我们无法使建筑物具备或产生双重功能或者发育不全的构件、偶然的扭曲、临时设备、多发的事故、异常的偏差、连环不断、错综复杂、暗含或者外露、残缺的空间、多余的空间、不确定性、变形、二元性、全局含混，或者合二而一的现象。在我们的工作中，混杂、矛盾、折中、迁就、变体、特大的附属建筑、等价关联、多样的焦点以及并置，或者好的和差的空间几乎没有。

我们并没有太多地利用我们所喜欢思考的复杂性与矛盾性，因为我们没有机会。文丘里－劳赫事务所都没有接过大的委托项目去表达其规划工作和设计中的复杂和矛盾的形式，作为艺术家，我们不能把我们作为评论家所喜欢的却不合适的理念强加到我们的工作上去。一座建筑物不应当成为建筑师表达概念的工具。我们的预算也很低，而且我们不希望对建筑进行二次设计：第一次运用某些社会和艺术世界中的重要宏伟概念，随后反映出我们的建筑评价中客户和社会的局限思想。社会无论对或错都不是我们当时去辩论的问题。故此，布赖顿海滩住宅（Brighton Beach Housing）项目结果没有建成适合居住的巨型结构，我们为印第安纳州哥伦布设计的消防站也没有建成，这个消防站是

1. Robert Venturi, *Complexity and Contradiction in Architecture* (New York: The Museum of Modern Art and Graham Foundation, 1966).

为高速公路边上的步行者广场所进行的有关城市纪念性的一次个人化尝试。它们产生了“丑陋与平凡”，就像菲利普·约翰逊和戈登·邦沙夫特[1]这样两位有分歧的批评家在描述我们的工作时曾经提到的。“丑陋”或者“美观”在此也许是一个语义学问题，但是这两位批评家在某种程度上确实抓住了其实质。

建筑物也许是平凡的或者传统的，表现为两种方式：它如何被建造及如何被观看，即其施工过程或者其象征性。常规建造是使用普通材料和施工方法，接受现行的和平常的建造工序以及它的资金组织，而且同时希望能够保证快速、合理和经济地完成施工。这在较短周期内是好的。这种短周期是我们的委托人聘请我们这些建筑师的原因。短周期的建筑理论趋向于得过且过的理想化和普遍化。较长周期的建筑设计需要具备创造力，而不仅是调整，并且它也要求掌握先进的技术并且形成干练有效的组织。它有赖于充分的研究，该研究也许在建筑师的事务所里进行筹划，同时又需要外部资金支持，因为委托人的钱不足以支持研究，也不愿意为此付出。尽管建筑师们不愿意承认大多数的建筑问题属于权宜之计，但建筑师涉及的社会问题越多，建筑设计就越真实。通常，世界不会等待建筑师只是建造其自己的乌托邦式的作品，而且，建筑师主要的关注点不应在于什么是必须的，而应在于它是什么以及如何帮助它改善。对于建筑师来说，这是一个比现代运动所认可的更为自感低卑的角色，然而在艺术上它却更有前途。

1. Gordon Bunshaft，美国现代建筑师，1909 年生于纽约，曾是 SOM 事务所合伙人建筑师。——译者注

丑陋与平凡的符号和风格

从艺术的方面分析，普通建筑上使用的传统构件——假的门把手或者现行的结构体系的常见形式——能够借助人们以往的经验来唤起他们的联想。这些构件也许会从现行语汇或者标准目录中精心挑选或采用，而不会仅依赖新颖的材料和艺术的直觉去创造。例如，设计窗户就不仅仅从为了满足室内空间的调节光线和通风等纯粹的功能条件，而是要从所有你所熟悉的窗户的图式，以及能够找到的样式着手。这个方法在其象征性和功能性方面是传统的，但它推动了具有内涵意义的建筑设计，而且其手法虽然不比表现主义式的建筑设汁生动，但更为宽阔、更加丰富。

我们已经说明过，宏伟的和新颖的（H&O）建筑是如何自其“原创”元素的内涵意义产生出生动的表现形式的：它表达了建筑构件的表观特征中能够被认识到的那些抽象化的意义——确切地说是表现形式。另一方面，丑陋的和平凡的（U&O）建筑，也包括来源于常见元素的显义。即通过联想与以往的经验，或多或少地暗示出具体的意义。宏伟的和新颖的消防站建筑的“粗野主义”源自其粗糙的肌理；它的城市的纪念性源自它的巨大体量；结构与方案的表现形式，以及它的“逼真性”则源自其形式中的细部节点。它整体的形象源自这些通过精心设计和选择的抽象形式、质感和色彩传达纯粹意义的建筑特性（图 115）。丑陋而平凡的消防站的整体形象——一种暗示城市特征及特殊用途的形式——源自它所遵循的路边建筑的惯常形象，源自装饰过的虚假立面，源自由于滥用标准铝框和卷帘门所产生的平庸，以及源自前部的旗杆——更不用说通过字母拼写为它表明身份的显著标志，即最具指示意义的符号“第 4 号消防站”（FIRE STATION N0.4，图 116）。这些元素如同符号一样表达建筑的抽象性。它们不只是平凡的，也反映象征性和风格的平凡性，它们也在丰富其功能，因为它们增加了一层文学内涵。

华美可以源自传统的建筑。经历了 300 年历史的欧洲建筑，一直是遵循一种具备一致性的古典范式变化的。但是，它可以通过调整比例或者传统常用构件的文脉产生非常的意义。波普艺术家们通过将老的与新的联想进行大胆组合，利用日常事物的非常规并置，嘲弄了文脉与意义的相互依赖性，给我们一种对于 21 世纪文化人工制品的新阐释。少了一些所习惯的形态会有一种奇异的和有启发的力量。

基尔特公寓上的上下推拉窗是常用的形式，但是它的尺寸超大、比例横长，就像是安迪·沃霍尔[1]的绘画中变形的大坎贝尔汤罐。这种典型的窗户也与同样形状和同样比例的小窗户并列。相同平面上小型窗户后面的大型窗户的准确位置往往由于透视扰乱传统的距离感。我们认为，最终的象征性和视觉紧张是使令人讨厌的建筑变得有趣的方法——一种比把今天粗糙且令人生厌的微型结构不相关地结合更为行之有效的方法，但不在此列（图 117）。

1. Andy Warhol，1930—1987 年，美国艺术家。流行艺术运动领导者之一，他创作了描述普通形象的绘画和绢印版画，如描绘汤罐与名人照片的形象的作品。——译者注

图115 纽黑文的中央消防站，1959—1962年，建筑师厄尔·P·卡林，保罗·E·波齐、彼得·米拉德事务所

图116 第四号消防站，印第安那州，哥伦布，1965—1967年，文丘里-劳赫事务所设计

图 117　基尔特公寓，窗户

抵制凌驾于宏伟与新颖形象之上的鸭子、丑陋与平凡，或无思想

我们不应强调当今艺术界中充斥的陈腐言论，即浪费时间去广泛讨论丑陋的和平凡的建筑的适当性以及必然性。为什么我们支持装饰过的棚屋的平凡的象征性而不是雕塑鸭子的宏伟的象征性？因为时代不对，而且我们所处的时代不是凭借纯粹的建筑物传达宏伟的环境。每一个媒体都有属于它的时代，我们时代浮夸的环境状况——市政的、商业化的或者住宅的——将源自更具象征性，也许会更为生动并更适应于我们环境尺度的媒体。如果我们去寻找，路边商业建筑的图式与混合媒体将会为此指出方向。

橡树街口上为上年纪的人修建的住宅假如要成为纪念碑，就应当是更为经济、对社会负责的和有义务的传统居住建筑，位于高速公路的旁边其顶部闪烁着一个大型标志："我是一座纪念碑"（I AM A MONUMENT）。这说明装饰品的成本是较低的（图 139）。

建筑学中象征主义与联想的理论

对装饰过的棚屋进行辩论的基础是将象征主义假设为建筑学的要素，将来自前代或现存城市的模型假设为原材料的一部分，元素的复制[1]是这栋建筑物设计方法的一个组成部分，即需要联想的建筑依赖于其创作过程中的联想。

1. G.Hersey, "Replication Replicated," *Perspecta 10, The Yale Architectural Journal*, New Haven (1955) pp.211—248.

我们已经有效地接近建筑象征主义的合理性，以具体的例子而并非抽象地使用符号学的技巧，或者运用一种先验的理论。[1] 然而，其他的途径也会取得相似的结果。艾伦·科洪曾经写道，建筑是“社会传达系统”的一个部分，他描述了设计中形式的类型学应用的人类学与心理学基础，他提出我们不仅“没有解除过去形式及这些形式作为类型学模式的约束，更为主要的是，如果我们设想我们是自由的，我们会失去对我们的想象力以及我们与他人沟通时那些非常活跃的部分的能力控制。”[2]

科洪描述了原始文化中的人工制品本来的“具象”性质和它们之间的关系，还针对技术产品中的“图像价值’讨论了持续性的人类学基础。原始人的宇宙哲学系统并不是“亲近自然的”而是智慧的和人工的。科洪引用克劳德·利维－斯特劳斯（Claude Lévi-Strauss）对血缘系统的描述，说明了这个观点：[3]

“可以肯定，生物学意义上的亲属关系一直存在于人类社会中。但是亲属关系的社会特征并不是自然必须保存的，这是将它从自然界分离出来的基本步骤。一个血缘系统不由客观的血液联系构成，它只存在于人的意识中。那是一种随机的承继系统，而不是客观环境的自发发展。”

科洪认为：

“在这些系统与现代人总想解释世界的方法之间有一种联系。而且，在劳作及情感生活的所有分支里，原始人的准则是对于表现知觉世界的需要，因此它成为一种连贯的和逻辑的系统，继续存在于我们自身的系统，特别是继续存在于我们对于人工环境中人造物的态度。”[4]

---

1. These abstract approaches have recently been explored in a series of essays edited by Charles Jencks and George Baird, *Meaning in Architecture* (New York: George Braziller, 1969). We are indebted particularly to the formulations of Charles Jencks, George Baird, and Alan Colquhoun.
2. Alan Colquhoun, "Typology and Design Method," *Arena*, *Journal of the Architectural Association* (June 1967) pp.11—14, republished in Charles Jencks and George Baird, Meaning in Architecture.
3. Claude Lévi-Strauss, *Structural Anthropology* (New York: Basic Books, 1963).
4. Colquhoun, "Typology and Design Method," pp.11—14.

科洪关于知觉心理学对于艺术和建筑表示的必要性所进行的争论，主要是基于E.H.贡布里奇（E.H.Gombrich）的著作《业余骑士的冥思》（Meditations on a Hobby Horse）。贡布里奇否定源自现代表现主义理论的信仰，即“外观有直接将自己与我们沟通的图式或者表现内容。”[1] 科洪认为贡布里奇证明了：“康定斯基（Kandinsky）绘画中所具有的形式排列事实上不能够令人非常满意，除非我们将这些形式归于传统含义的系统，而不是与生俱来的形式本身。他的观点是尽管表现形式并不是完全不具备表现价值，它仍是含糊不清的，并且它们仅仅能够在一种独特的文化氛围中得到解释。”[2]

贡布里奇参照交通标志上假设的色彩内在的感知特质进行了证明，科洪通过引用中国最新采取的措施，由红色表示前进，用绿色表示停止——这种简单的标志颠倒的表示，成功地改变了我们对于图式形式意义理解的惯常模式。

科洪坚持反对对于现代建筑的观点：形式应当是源于自然定律或数学定律的应用结果，而不是来自以前的联想或者美学观念的主张。不仅仅这些定律是人类自己建构的，而且在真实的世界里，以至于先进技术的世界，它们也不是完全确定的；自由选择的范围都是不可制止的。假如“在纯粹技术的世界里，这个范围总是凭借修改原有方案来处理”，那么，建筑学中的情况也将如此，建筑学中的定律和事实一直难于直接导出形式。他认为表现体系不完全独立于客观世界现实，并且“建筑现代主义运动，确实是一种修正已经承继自前工业化时代的表现体系的尝试，这种表现体系在快速变化的技术体系之中似乎不再是可操作的。”[3]

---

1. E.H.Gombrich, *Meditations on a Hobby Horse and Other Essays on Art* (London: Phaidon Press ; Greenwich, Conn.: New York Graphic Society,
1963) pp.45—69.
2. Colquhoun, “Typology and Design Method,” pp.11—14.
3. Ibid.

作为现代建筑理论方面的形式之源的自然定律的观察和经验数据，科洪将其命名为“生物技术决定论”（bio-technical determinism）：

“对科学分析与分类方法的重要性的信仰来自这个理论。现代运动功能学说的本质不是景观、秩序或者内涵不必要，而是在有意的探索中再也找不到最终的形式，人造物在美观方面对观察者产生影响的方式被认为是缩短了形式化的过程。形式，仅仅是将运作的需要以及操作的技术结合的逻辑程序的结果。这些最终会融合在一种生命的生物范畴之中，功能和技术将变得一目了然。”[1] 这个方法内在的局限性，一如技术与工程问题，在现代理论中还是会被间接地承认的。但是它们将得到解决，通过直觉的结合，并不涉及历史的模式。形式产生于确定性程序及意图，这一观点在勒・柯布西耶、拉斯洛・莫霍伊 - 纳吉[2]以及其他现代运动的领导者们描写控制建筑设计的“直觉”“想象力”“独创性”和“自由的和无穷尽的可塑物体”等的著作中得到认可。科洪认为结果是一种在现代运动学说中“两方极度对立的思想间的张力——一方是生物学决定论，另一方是自由的表达”。基于“科学”拒绝接纳传统实践主体，留下的只是讽刺性地留有自由表现主义的真空：“表面上是艰苦的、理性的设计训练，结果却似是而非地成为对直觉过程的神秘的信仰。”[3]

---

1. Ibid.
2. Laszlo Moholy-Nagy，1895—1946 年，匈牙利摄影大师，曾经在 1923—1929 年任教于包豪斯学校。——译者注
3. Ibid.

坚固＋实用≠美观：现代建筑与工业本土化

维特鲁威[1]通过亨利·伍顿爵士[2]写道，建筑就是坚固、实用和美观的结合。格罗皮乌斯（或也许仅仅是他的追随者）暗示道，如生物技术决定论所描述的，坚固加实用等于美观，结构加规划决定形式，美观是一个副产品，并且——以另一种方式改换等式——建筑的建造过程变成了建筑本身的形象。在20世纪50年代路易斯·康也提到，建筑师应当惊讶于他所设计的建筑外观（图118）。

这些等式的假设方法和图像绝不是矛盾的，而且美观产生于这些简单关系的透明度和相互协调，当然，不受符号的美观与装饰性，或对于预想形式联想的影响：建筑是凝固的过程。

现代运动的历史学家多集中研究19世纪和20世纪初的工程结构改进，将其作为现代建筑的原型，但是很明显罗伯特·马亚尔[3]的桥梁不是建筑物，而且弗雷西内[4]的飞机修理库也很难算是建筑。作为工程解决方案，它们的设计较简单，而且不会出现建筑设计中的那些固有矛盾。让人直接、安全、简便地跨越沟堑或在没有围护体的情况下保护一个大空间免遭雨淋，才属于这些结构的功能。这些简单而实用的建筑物的固有象征内容和所具有的科洪称其为类型学的固有用途，被现代运动的理论家所忽视。这些形式上常见的装饰物作为

---

1. Vitruvius，罗马建筑师和作家，他的《关于建筑》一书，是关于古代建筑理论的唯一流传下来的作品。——译者注
2. Sir Henry Wootton，1568—1639年，英国古代外交家、教育家，曾任伊顿公学教务长。——译者注
3. Robert Maillart，瑞士现代建筑师，1872年生于伯尔尼。——译者注
4. Eugéne Léon Freysinnet，1879—1962年，法国结构工程师。——译者注

不正常的建筑遗存和时代的特征而被免除了。但是，实用的大型建筑物上的装饰物却是所有时代的象征。中世纪城市中的城墙顶部精心设置着各类墙垛，镶嵌着装饰考究的门。工业革命时期的古典建筑上的实用性装饰物（我们认为它们不仅新颖，而且更为古典）是另一类装饰过的棚屋的表现——例如，桁架桥上精心制作的交叉钢架，或者是 Loft 建筑上有科林斯改良遗风的带有凹槽的铸铁柱，或者折中主义式样的入口和它们前部的奇异胸墙。

由于对建筑有选择的观察以及人为对照片的裁切，19 世纪工业建筑中棚屋的装饰物常常被建筑师和现代运动的理论家所忽视。甚至今天，尽管建筑师强调这些建筑的复杂性，例如，英国工业化的中部地区（Midlands）的制造厂复杂的群体和上部加有天窗的屋顶轮廓，而不是它们的简朴性，它们并不少见的装饰物仍然不受重视。

密斯只着眼于中西部地区阿尔伯特·卡恩（Albert Kahn）工厂的后部，以发展他工字钢框架结构中极少主义风格的设计语汇。康的工厂的前部通常包含行政办公建筑，属于 20 世纪早期的创举，是优雅的装饰派艺术品，而非历史折中主义式的（图 119、图 120）。其前部可塑的体量也具有这种风格的特点，与后部构架有着极大的矛盾。

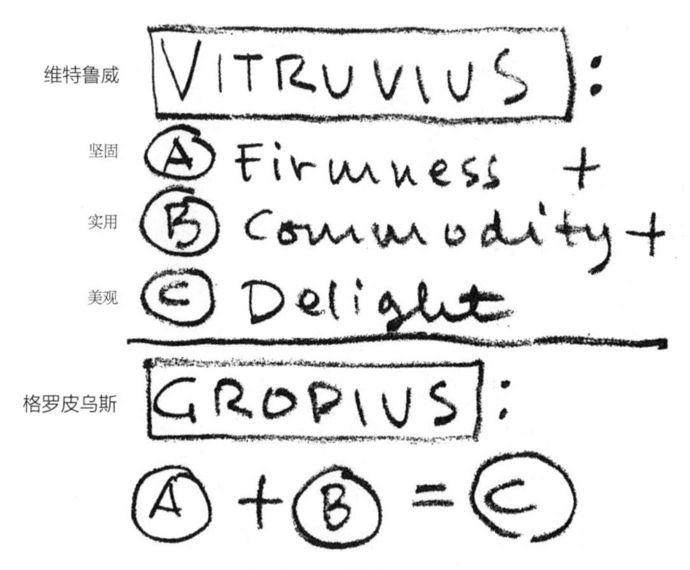

图 118 维特鲁威与格罗皮乌斯

图 119 埃丝特女士用品有限公司的绿化区，伊利诺伊州，阿尔伯特·康设计

图 120　埃丝特女士用品有限公司前部绿化

工业化的图式

比密斯遗忘装饰物更重要的是他复制了棚屋，也就是他的复制对象物——建筑物的形体而非其正立面。现代运动前 10 年的建筑和大师们的作品，发展了基于各种工业风格的形式语汇，该风格特征和文艺复兴的典柱式一样鲜明。密斯在 20 世纪 40 年代设计的线性工业化建筑时采用的方法，勒·柯布西耶在 20 世纪 20 年代设计塑性谷仓时以及格罗皮乌斯在 20 世纪 30 年代设计包豪斯时也采用了，格罗皮乌斯模仿自己早期的工厂建筑——1911 年设计的法古斯工厂（Faguswerk）。就历史学家们曾经描述过的对于艺术家和运动的影响的意义来说，他们工厂般的建筑物较多受到刚刚过时的本土工业化结构的“影响”。他们的建筑分明是对这些源泉的改动，而且极为适合于他们的象征性内容，因为在欧洲建筑师看来，工业结构代表了勇敢的科学与技术的新世界。放弃了公认的历史折中主义陈旧符号的早期现代运动的建筑师们，取而代之以工业化的本土符号。换言之，保持浪漫主义特征的同时，他们还通过地方遥控获得了新的感受力，即铁路轨道另一边的现代工业地区，并将其传递到城市的市政区域，而不是像早期的浪漫主义那样，通过复制旧风格化的装饰物进行时间遥控。也就是说，现代人使用一种基于类型学模型的设计方法，发展了一种基于他们对工业革命时代进步技术的阐述的建筑学图式（图 121）。科洪提到，“图式的力量”归因于“在设计领域里那些过去和现在鼓吹纯粹的技术和所谓目标设计方法的人……他们崇拜技术创新的程度，一个科学家都望尘莫及。”[1] 他也说过“所有人工制品成为图标的力量……不论它们是否是确切为此而创造的。”并且他还引用 19 世纪的轮船和火车头作为例子，说明“心里带着功利主义的目的而做”的对象，“很快地成为心理结构定式……渗透着美学的一致性”与象征的性质。尽管建筑师对此持有异议，这些对象连同工厂和谷仓一起成为直接的类型学模型，并显著影响到现代建筑设计方法，并且作为它的源头服务于象征意义。

图 121　包豪斯，德国，德绍，1925—1926 年，格罗皮乌斯设计

1. Ibid.

工业化风格与立体派模式

后来的批评家提到一种“机械美学”，其他人已接受了这一术语，但是，现代主义大师勒·柯布西耶在《走向新建筑》（*Ver une Architecture*）一书中对其建筑所做的工业原型的精确描述是独一无二的（图 122）。可是，他也主张轮船和谷仓的形式重于对它的联想，它们简单的几何形体重于工业意象。另外尤为重要的是，勒·柯布西耶著作中的建筑物，体形上类似于轮船与谷仓，而不是帕提农神庙或者科斯梅丁圣母教堂（ Santa Maria in Cosmedin ）的家具或米开朗基罗所设计的圣彼得教堂的细部，那也是因为其简单的几何形体而成为图解的。工业设施的原型已成为现代建筑的语汇模型，而历史建筑原型由于某些自身的特点而仅成为类似物。换言之，从象征性角度看，工业建筑是端正的，而历史建筑则不是。

那个时代里，对勒·柯布西耶建筑设计的抽象几何化形式主义来说，立体主义才是范型。它是第二个层次的范型，一部分与船舶工业图式相反，它能够解释萨伏伊别墅（Villa Savoye）那包裹着工业化框架及盘旋式螺旋梯的经粉刷的悬式平面。尽管历史学家们描述了这一时期绘画与建筑学之间的关系，认为这是一种呈现出时代精神的和谐传播，但是它更多地是以绘画语言适应于建筑学的语言。纯粹而简单的形式系统，有时候很透明，它渗透流动空间并与立体派有关联，它适合于勒·柯布西耶当时对建筑的著名定义，“处于光线中熟练的、精确的和宏伟的体量表现”。

图 122 巨型谷仓
选自勒·柯布西耶《走向新建筑》

未被承认的象征主义

早期现代建筑的特征是说与做之间存在的矛盾：瓦尔特·格罗皮乌斯谴责“国际风格”（International Style）这样的术语，但却创设了一种建筑风格，并将一种脱离工业加工工艺的工业化形式语汇传播出去。阿道夫·路斯（Adolf Loos，奥地利早期建筑师，1922 年生于维也纳。——译者注）反对使用装饰却在自己的设计里应用了图案华美的装饰，具有讽刺意味的是，如果当年他赢得了《芝加哥论坛》（*Chicago Tribune*）的竞赛奖，摩天楼历史上最宏伟的标志也就建成了。勒·柯布西耶晚期的作品开启了一种未获承认的象征主义的连续传统，他那处于不断地变化中的本国 - 本土化（indigenous-vernacular）的建筑形式依然影响着我们。

但是，正是图像与实物之间的矛盾——或至少是缺乏一致性——确认了象征主义和联想在正统的现代建筑中的任务。正如我们所说过的，现代建筑的象征主义通常是技术性的和功能性的，但是当这些功能元素起到象征性的作用时，它们通常就不再是功能性的了，例如，密斯那些象征性裸露的而实质上是包覆式的钢结构框架以及鲁道夫的清水混凝土砌块结构，或他那些多用于住宅而不是实验室的“机械性”杆件。一些后期现代建筑的矛盾性在于应用于私人功能的流动空间，朝向西面的玻璃墙，郊外中学使用工业化天窗，集尘并且传声的暴露管道，不发达国家的大规模生产体系以及高成本的混凝土木模板印记。

我们在这里收录了结构、规划、机械设备、照明或者工业操作等功能要素的失败例子，但并不是为了批评它们（尽管从功能角度看它们应挨批），而是想要说明它们的象征性。我们也不是意在责备早期现代建筑象征主义的功能性和技术性内容。我们所批评的是现行的现代建筑的象征性内容和建筑师拒绝承认象征主义。

现代建筑师们已经用一套象征符号“立体派 - 工业化 - 规划”（Cubist-industrial- process）代替了“浪漫主义 - 历史化 - 折中主义”（Romantic-historical-eclecticism）符号，但他们并没有意识到这种情况已经导致了混乱以及具有讽刺意味的矛盾，这一直影响着我们。20 世纪 60 年代建筑风格的多样性（暂不说句法的正确性与娴雅的精确度如何）可以向 19 世纪 60 年代的维多利亚折中主义式建筑的多功能性进行挑战。下列范型已经成为我们今天最好的建筑中符号的表现源泉，例如：肯尼迪角（Cape Kennedy）的发射台（图 123）；英国中部地区的工业化地方建筑（图 124）；维多利亚式的温室（图 125）；未来派的阻特装[1]（图 126）；构成主义的早期巨型结构（图 127）；空间网架（图 128）；皮拉内西（Piranesian）的监狱（图 129）；地中海地域的雕塑性建筑形式（图 130）；步行者的尺度，中世纪空间的托斯卡纳（Tuscan）山城（图 131）；英雄主义时期形式创造者的一些作品（图 132）。

图 123　肯尼迪角

1. Zocts，一种美国制造的男式宽松型礼服。—— 译者注

图 124　圣·斯蒂芬制糖厂，坎特伯雷

图 125　棕榈住宅，基尤（Kew）

图 126　安东尼奥·圣伊里亚设计的地铁站方案，1914 年

图 127　俄罗斯构成派所做的工业建筑表现图，选自车尔尼可夫的《101 个梦想》

图 128 测量的“游戏圆拱顶”，巴克敏思特·富勒设计

图 129 《监狱》，乔瓦尼·巴蒂斯塔·皮拉内西绘（皮拉内西，1720—1778 年，意大利建筑师、艺术家，他创作的罗马及其废墟的版画为新古典主义复兴做出过贡献）

图 130　普罗奇达，意大利

图 131　加富尔广场，圣吉米尼亚诺设计

图 132 昌迪加尔高等法院，1951—1956 年，勒·柯布西耶设计

从拉土雷特修道院到奈曼 - 马库斯

自拉土雷特修道院（La Tourette）到奈曼 - 马库斯（Neiman-Marcus）的风格变化，是一个晚期现代建筑中形式创造者的象征主义的特征发展过程，勒·柯布西耶后期突出地表现出其才能的勃艮第式（Burgundian）的修道院（图 133），就是地中海东部地区白色塑性的乡土建筑的卓越改造。它的形式被应用于纽黑文市（New Haven）街角上的艺术与建筑学院大楼（Art and Architecture Building，图 134）、康奈尔校园中的砖石实验室（图 135），

以及波士顿广场上的公共建筑（图 136）。远离休斯敦郊区的韦斯特海默商业带（Westheimer strip）的一家百货公司，是这座勃艮第式修道院的最新翻版，该建筑是众多停车区中现代优雅的完美象征（图 137、图 138）。在这里重申一下，我们也不是批评在一个不同的场地为了一个不同的用途对一件古典名作进行了复制的行为，尽管我们认为，如果它被人理性地接受并且机智地加以使用，如设计成意大利宫殿式样的一家装饰艺术百货公司，这种复制效果会更好。这一系列从勃艮第到德克萨斯的建筑物，表明现代建筑师通过复制以颂扬独创性的趋向。

图 133　拉土雷特修道院，法国，埃夫勒，1956—1960 年，勒·柯布西耶设计

图 134　耶鲁大学艺术与建筑学院大楼，纽黑文，保罗·鲁道夫设计

图 135　康奈尔大学农学系大楼，纽约，伊萨卡（美国纽约中部偏西南城市，位于卡育加河沿岸、锡拉丘兹西南偏南），1963—1968 年，马尔西里·弗兰森（Ulrich Franzen）设计

图 136　波士顿市政厅，德克萨斯州，休斯顿，1963 年，卡尔曼、麦金奈尔、诺尔斯设计

图 137　奈曼 · 马库斯商店，德克萨斯州，休斯顿，赫尔姆斯、奥巴塔及卡萨邦设计

图 138　奈曼 · 马库斯商店

盲从的形式主义与直接的表现主义

用一种决定性方法的非功能性模仿去取代预想形式，不仅仅产生混乱和讽刺之事，而且也产生了一种形式主义，由于未得到承认而变得更盲从。

当需要那些谴责建筑学里的形式主义的规划师和建筑师们处理项目的形式问题时，他们总是趋于固执和专断。学过建筑学专业反形式主义教条和规划专业中“自然偏见”的批评论的城市设计师，经常会陷入这种进退两难的境地。如果确定了“规划方法”、制定了“发展指导方针”，那么规划就要填充进预先假设好的建筑物，利用新毕业生设想出来的新型建筑时髦造型，显示“可能的发展模式”，（这些新的毕业生们在设计项目时碰巧在办公室，）不管这种新造型的形式语汇是否会比其他形式语汇更贴近这个问题。

由于蔑视象征主义和装饰而造成的表现方式的更替，导致建筑的表达成了表现主义式的。也许由于抽象形式和未装饰的功能要素的含义贫乏，后期现代建筑的独特形式常常被夸大。相反地，通常它们在其环境中并不起眼，就像韦斯特海默商业带上的拉土雷特修道院。路易斯·康曾经将夸张称为建筑师创造装饰的工具。但是结构与规划的夸张性（在20世纪五六十年代的机械设备，即管线之类）已成为装饰的替代物。

装饰的表述

为了替代装饰物和表面符号，现代建筑师便沉溺于变形和过多的表述。大尺度的不和谐变形以及小尺度的“细腻的”表述都导致一种表现主义（这对于我们是无意义的和不相干的），成为一出建筑肥皂剧，在剧中进步就是看起来很古怪。一方面，考虑所有那些住宅、市政以及机构建筑物（阶梯状的屋顶，折叠式剖面、平面或立面，探出的天窗，扭曲的阻特装，具有肌理的条纹、浮桥或者扶壁）几乎与不和谐变形的麦当劳汉堡店一样缺乏复杂性，只是缺乏标志商业带建筑物不和谐的商业项目和娱乐设施。另一方面，要考虑调整立面、界定室内空间或者反映规划中的变化的精心组装的结构框架和悬臂式跨度。这些烦琐的突出物和精细的花边也具有尺度和节奏，并且也很华美，但它们与文艺复兴式宫殿（它们与这种宫殿类似）上半露柱的浅浮雕一样互不相干且毫无意义，因为它们大多时候在大型空间（通常指停车场）出现，人们常对其一扫而过。

今天，拼合式的建筑物就像是迪斯科舞厅里的小步舞曲，因为即使远离公路，我们的感觉仍与其大尺度和细部保持着协调。也许，在嘈杂不和谐的真实景观中我们对于任何建筑细部都很不耐烦。此外，细腻的表述是一种奢侈，最好在这种套路形成之前就将其排除掉。建筑物上那些只有建筑师才能够感觉出其差别的双悬臂结构，是一种更为稳定的时代的遗存。今天的规划设计可以在建造过程中发生改变。我们不能提供形式与临时功能之间绝对精确的联结。总之，今天我们的环境形式与其功能性非常不和谐，而今天的建筑细部对环境品质格外敏感。无论如何，以反向的极端来看，现代设计不能满足的对舒适感和细部的个别要求，却可以由 5/8 比例的迪斯尼乐园的复制品、花园公寓天井中真人比例扭曲的漫画造型，以及由莱维敦（Levittown）的样板房奇特的室内设计中那些 7/8 比例奇异的室内家具加以满足。

空间如上帝

也许现在我们的建筑物中最专横的要素就是空间了。空间已经被建筑师弄得做作了，被批评家神化了，填充着易变的象征主义创造出来的真空。如果空间表述效仿抽象表现主义建筑的装饰物的话，空间就取代了符号的位置。我们那些包括了从监狱到肯尼迪角的宏伟和新颖的符号，反映了我们后浪漫主义的利己自我思想，并且满足我们对新时代建筑学表现主义空间的追求。这就是空间及光——光扭曲了空间使其变化更为生动。今天，19世纪工业化中部地区的工厂空间的复制品说明了这些模仿品与原品不相干的部分。复杂的斜撑天窗和透明玻璃墙以及早期工业建筑的屋顶，由于所处的纬度地区日照时间短而冬天长，所以必须满足每天12个小时工作中对自然光的需求和考虑人工光很少的情况。另一方面，曼彻斯特的工厂主，可以依靠夏季凉爽、冬季对供暖要求不高、劳动力廉价且受控去克服这些条件和弥补其不足。然而，今天的大多数建筑物需要窗户而非玻璃幕墙，因为我们的照明标准是仅有日光条件无法满足的，而且为了既安装空调机又不超出预算，玻璃的面积则要减小而顶棚的高度要降低。因此，我们的美学效果就不只是源于光，是象征性更强而空间性更弱的要素。

巨型结构与设计控制

近来的现代建筑在拒绝形式的同时，实现了形式主义，在忽略装饰的同时提升了表现主义，在拒绝符号的同时神化了空间。使人不快的复杂化和矛盾状态造成一定的混乱与意外。更具讽刺意味的是，我们通过复制现代建筑大师的形式以推崇其独创性。除了要影响预算之外，符号个人主义的害处并不多，但是对大师们创意独特的宏伟的景观表现方法还是无益的。这种符号英雄主义说明了现代主义倾向于巨型结构和总体设计的趋势。在单体建筑物形式中要求方法根据的建筑师在城市形态中对其加以抵制，而在城市形态中要求方法根据似乎更为合理。总体设计与扩张的城市相互对立，城市的扩张决定于诸多因素：对作为城市扩张混乱的修正者的建筑师们来说，总体设计是个类似救星的角色，它提倡受到纯粹建筑设计控制和“设计评论”维护的城市，支持今天的城市更新建筑及美术项目的委托。波士顿市政厅（Boston City Hall）和它复杂的城市性是启迪城市更新的一个典型实例。那种象征性形式的丰富性唤起格兰特将军时期（General Grant period）的铺张，而且欧洲的中世纪广场及其公共建筑空间的复兴最终成为令人讨厌的事情。建筑性太强了。一个传统的闷顶比较适合于设置一个官僚机构，也许会在其顶部安装一个闪光标志：“我是一座纪念碑”（图 139）。

图 139　纪念碑的自我推荐

无论如何，否定建筑解释不了过量的建筑。《建筑设计》（*Architectural Design*）中反传统建筑师的反应，也许就像是其他杂志中反映出的另外一个极端——对缺乏时代性的烦琐细部的无尽的溺爱——一样是无用的，尽管它可能害处不大，而其害处不大仅仅是因为很少被建成、与人产生共鸣或者被夸张。世界科学中的未来派玄学、巨型结构派的神秘性，以及类似马诺式的建筑物的环境组织和密集群区域是另一代人的错误的循环反覆。它们对于一个空间时代、未来主义或者科学幻想型技术的过分依靠与20世纪20年代的机械美学相同，且形成了它最终的手法主义风格。不像20世纪20年代的建筑，它们从艺术学角度来说就是陷入绝境，用社会学的说法就是一种逃避。

巨型结构已经被多个团体的杂志详尽宣传过，如阿基格拉姆，虽然他们拒绝建筑学，但他们的城市视野与壁画般的绘图超越了晚期装饰艺术制图者的那种妄自尊大的苟延残喘。与城市扩张时的建筑不同，巨型结构自身适宜于总体设计并且适宜成为极美观的模型，成为文化基地场所里的或者《时代》（*Time*）杂志页面上引人注目的形态，但是与现实社会中的或者技术文脉中的任何可能的和值得要的东西毫无关联。巨型结构创意中的波普图式偶然出现的诙谐作品已成为极品，其内容中的文学性多于建筑性。它们是枯燥无味的建筑理论，对现在现实有趣的问题没有根本直接的答复。

其间每一个团体和国家都在指定它的设计评论委员会以通过人治而不是法治的程序，推进前代的建筑革命并且腐蚀它的成员。当那些已经意识到权利的意义的自信的艺术委员们通过拒绝“好的”“坏的”和他们所不认识的新东西（所有这些要素结合最终创造了城市）去提倡日益常见的平凡之作的时候，“总体设计”就会成为“总体控制”。（详见附录。）

错置的技术热情

我们认为，美术委员会的陈旧革命和巨型结构的新革命，在社会和艺术方面都是互不相关的。它们也具有一样的建筑技术传统，具备早期现代建筑师的进步、革命、机械美学的姿态；部分“宏伟和新颖”的建筑在技术上正得以提高。现代建筑技术中阳刚特征的本质与图式之间的矛盾和其频繁出现的、空洞的形态造成的重大损失比建筑师所承认的时间出现得还要早。工业产品的生产方法就特别不适合于建造建筑物。许多雅致的结构系统（如空间桁架），尽管它们高效地将应力与材料结合起来，经济地创制出大型工业结构，却无疑在更平凡普通的建筑项目的规划、空间和预算中无法进行而失败。正如菲利普·约翰逊所言：你在网架穹顶上无法安装一扇门。

此外，许多只注重工程形式的建筑师往往忽视了建筑工业的其他方面，例如，资金、销售、现在的顾客，以及传统的材料与方法。开发商明白，这些重要的方面服务提高于技术，包括管理技能，比创新的建设技术更会实质性地影响到建筑最终的形式和成本。建筑师们为这个国家至关重要的建筑要求贡献出的东西并不多——特别是在住宅方面，一部分原因是：他们对于象征性以及空想中的高级技术的偏好已经阻止他们去实现他们在现行建设系统中的效率。

过去的 40 年里，建筑师们在关注所喜爱的技术巫术的形式（即研究预制结构的工业化方法）的同时，直至最近一直忽略移动住宅的产业。这种没有得到建筑师帮助的产业，使用传统技术——基本上以木工为主，与销售的创新方法相关——现在达到美国住宅年产量的 1/5。建筑师应当忘记他们是住宅建造的高技术创新者。集中精力于使这种新型实用的技术满足比今天更多更广的切实需要，为大市场发展移动住宅鲜明生动的符号（图 140）。

图 140　汽车住宅，加利福尼亚州，加利福尼亚城

何种技术革命?

很明显，进步的现代建筑所喜爱的“高级技术”至今仍保持 19 世纪的批量生产及工业化特征。甚至阿基格拉姆的结构视野也是儒勒·凡尔纳（Jules Verne）借用流行宇航术语的工业革命翻版（图 141）。然而，美国的宇航工业自身是现代建筑巨型结构实践者选择的模型，正面对着其超大尺度和过于专门化引起的毁灭性损伤。正如彼得·巴恩斯[1]（Peter Barnes）在《新共和》（*New Republic*）中所建议的：

“站在纯粹经济学的立场上看，对于国家来说宇航巨人越来越成为负担而非财富。尽管无数人承诺科学是积累，但美国不需要任何巨大的技术新进步，至少在宇航领域如此。它所需要的是呼吸的空间、一个用来评估现行技术的影响力以及更加公正地分配进步成果的机会。它需要思索小的方面而不是大的方面。”

1. Peter Barnes, “Aerospace Dinosaurs,” *The New Republic*, March 27, 1971, p.19.

彼得・巴恩斯认为，波音（Boeing）“操作突破”（Operation Breakthrough）住宅项目每一个住宅单元的物业管理成本就需要 7750 美元，其中不包括建筑服务成本或建造成本。

今天的有关变革是流行的电子革命。在建筑学上，电子设备所具备的符号系统要比其工程内容更重要。我们面临的大多数紧迫的技术问题，是要用我们没有完成的和开发的人类系统解决高级科学技术系统问题的人性网格化，这是一个值得建筑科学理论家与幻想家给予最大关注的问题。

对于我们来说，1967 年博览会上最令人讨厌的展馆是与 19 世纪因西格弗里德·吉迪恩而著名的世界博览会先进结构相似的那些，捷克斯洛伐克展馆——不存在建筑与结构而是做成符号和动画——至今仍是最深受欢迎的。它也吸引了最多的参观者，是展览本身而非建筑物吸引了参观者。捷克展馆几乎就是一个装饰过的棚屋。

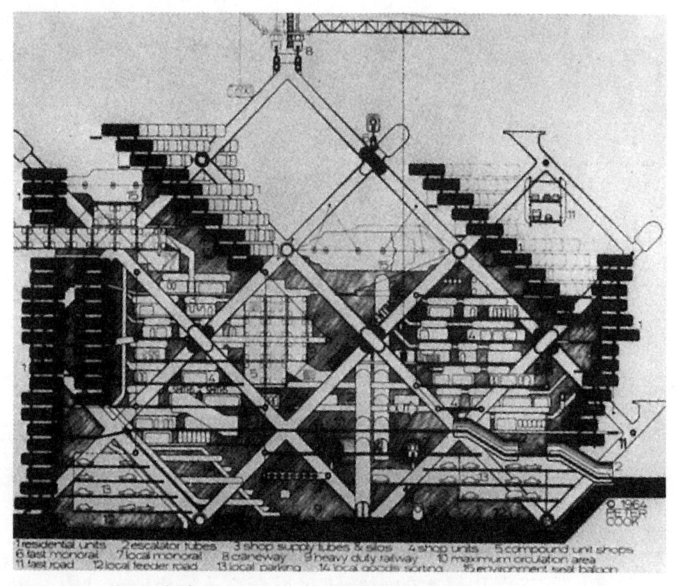

图 141　“插入式城市”，1964 年，彼得・库克设计

后工业时代的前工业图式

一种前工业形式的语言已经补充了晚期现代建筑中的工业形式。勒·柯布西耶早期的地中海村落素描，也许由其本土性、地方化的或者无名的建筑物而引发了现代建筑师和理论家们的关注。这类白地中海形式的简单平面几何形态，被掺加进了青年勒·柯布西耶的立体派－纯粹派美学，粗野的可塑形体变成其后期作品中的清水混凝土。随后清水混凝土成为了一种风格——后密斯风格之后反对框架墙板装配建筑的具有形式语汇的风格，更不用说明确的比例系统——模数——就如同文艺复兴柱式系统一般精确。

已经接受了拉土雷特修道院建筑形式的建筑师，希望将其形式用于预制构件、砖和瓷釉，但是为了宏伟的象征性目的而远离了他们的原意，从新泽西的工业公园到东京的建筑纪念碑，都含有激发拉土雷特修道院创作灵感的地中海地方手工艺。即使在对现代建筑师来说高级技术缺乏的地方，本地化模型也非常流行，该模型多用于郊区的独立住宅。对简单的地方化建筑的认同已经借助"地方主义"的名义经由后门让传统建筑进入了。今天，传统的美国式坡屋顶和板条芯板房已经能够被人所接受，并且替代了建筑师争取的、居住在郊区的客户所抵制的平顶建筑物和混凝土仿制品。

现在建筑师所认为的无名建筑接近我们所说的平凡建筑，但又有所不同，因为它避开了象征主义和风格化。当建筑师接受了地方化建筑的简单形式时，他们就完全忽视了它们复杂的象征性。他们自己已经象征性地使用了地方化语汇，来显示与过去简单而精确的优点的联系，就像早期的一些建筑实例那样：结构方法、社会组织与环境影响之间相互一致，在一个简单的水平上同形成工业地方化的和缓的程序相似。然而相反的是，除了非洲的阿尔多·范艾克和日本的贡特尔·尼奇克（Gunther Nitschke），建筑师都不重视符号价值，而符号价值促使产生了这些形式，并支配了（人类学家是这么告诉我们的）原始文化的人为环境，常常同他们对形式的功能和结构影响相矛盾。

从拉土雷特到莱维敦

更具有讽刺意味的是，尽管现代建筑师可以接受空间和时间上远程的地方性建筑，但是却会轻蔑地排斥美国的当代乡土建筑风格，如莱维敦建造商的地方建筑和第 66 号大道上的商业化地方建筑。这种对于围绕在我们周围的传统建筑的厌恶可以成为 19 世纪浪漫主义的奇异幸存物，但是我们认为，建筑师仅能够辨别自己乡土建筑形式中的象征主义。由于无知或者冷漠，他们无法辨认 Mykonos[1] 或 Dogon[2] 的象征意义。他们明白莱维敦的象征性但不喜欢它，他们也不准备中止对它的判断以便学习并通过学习以使得自己今后的判断力更为敏锐（图 142）。建筑符号、商业强制推销和中产阶级的社会渴望内容，已经让许多建筑师感到厌倦了，以致不能够带着开放的心态去研究象征主义的基础，去分析郊区形式的功能价值；他们发现要允许任何“开明的”建筑师能这么做很困难。[3]

---

1. 位于爱琴海边的一个希腊岛屿。——译者注
2. 尼日尔的一个地区。——译者注
3. This, perhaps, accounts for the fact that we have been called “Nixonites,” “Reaganites,” or the equivalent, by Roger Montgomery, Ulrich Franzen, Kenneth Frampton, and a whole graduating class of Cooper Union.

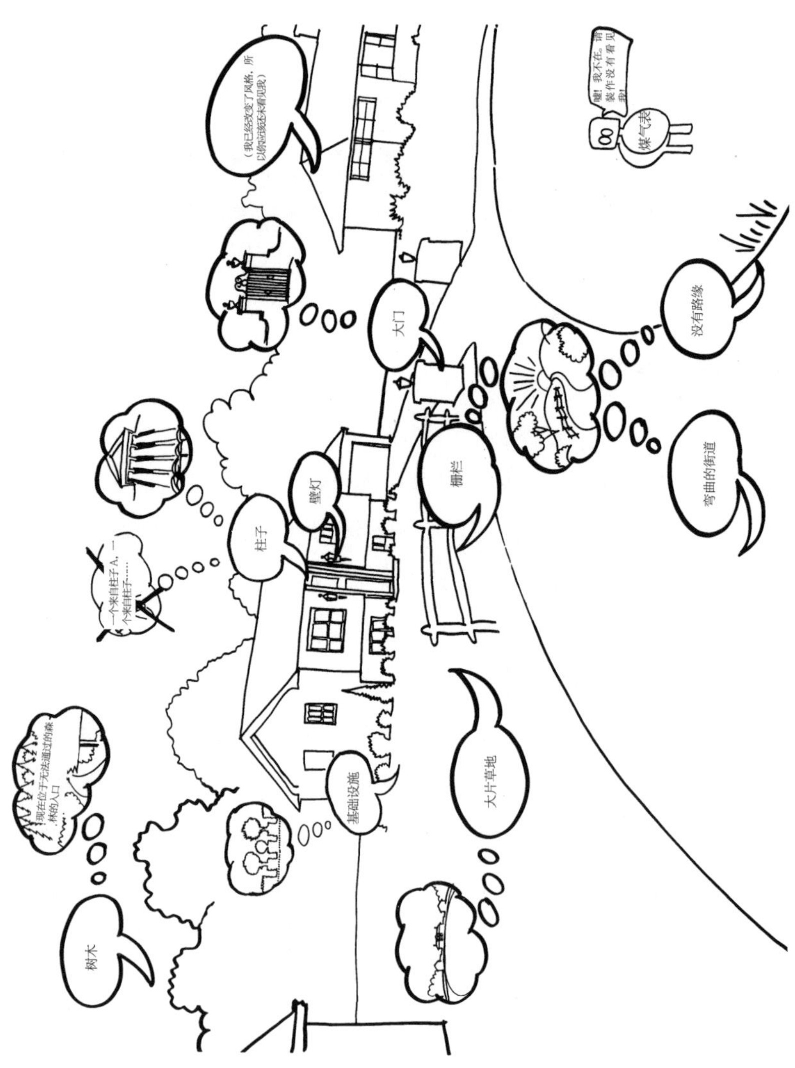

图 142 “郊区标志的先例”，向莱维敦工作室学习，耶鲁，1970 年

体会到中产阶级的社会渴望的讨厌之处并且喜欢整齐建筑形式的建筑师，非常清楚地看到郊区住宅景观中的象征性，例如，摄政时期样式、威廉斯堡式、新奥尔良式、法国的乡村式或者草原式有机建筑模式的漂亮的“双层”式样，以及它那有马车灯、双坡屋顶农舍和古砖所装饰过的大牧场。他们认识到了其中的象征性，但并不接受它。对他们来讲，错层式郊区小屋的象征性装饰代表消费者经济的低廉的唯物主义价值观，消费者经济下人们被大规模销售洗脑，并且没有选择只能住进使用低劣材料的房屋，那些住宅粗俗地违背材料性质并造成了对建筑物外观以及生态的视觉污染。

由于庸俗的品质环境，这个观点突出了多样性。在摒弃商业带建筑价值的同时，它也轻视它简单的和常识性的功能组织，它满足我们在大空间和快速度汽车环境下的感知需求，包括对清楚的和突出的象征性的需求。同样的，在郊区，每一座较小住宅上的和周围的折中主义装饰，会在视觉感受上穿越大草坪伸展到你面前，并产生纯粹的建筑表现所绝不可能达到的效果，至少在你到达另外一座住宅之前都是这样。住宅与弯路之间的草坪中的雕塑起着增强空间视觉效果的作用，并且将象征性的建筑物与移动的车辆联系起来。雕塑的连接装置、马车灯、货车轮、别致的住宅、分栏的篱笆与成排竖立的邮箱，既有象征性也有空间性。它们的形式界定了广阔的空间，与勒诺特[1]设计的花坛中的坟墓、英国公园中荒芜的庙宇和 A&P 停车场中的标志物的功能相同（图 143）。

1. Le Notre，法国 17 世纪的建筑师。——译者注

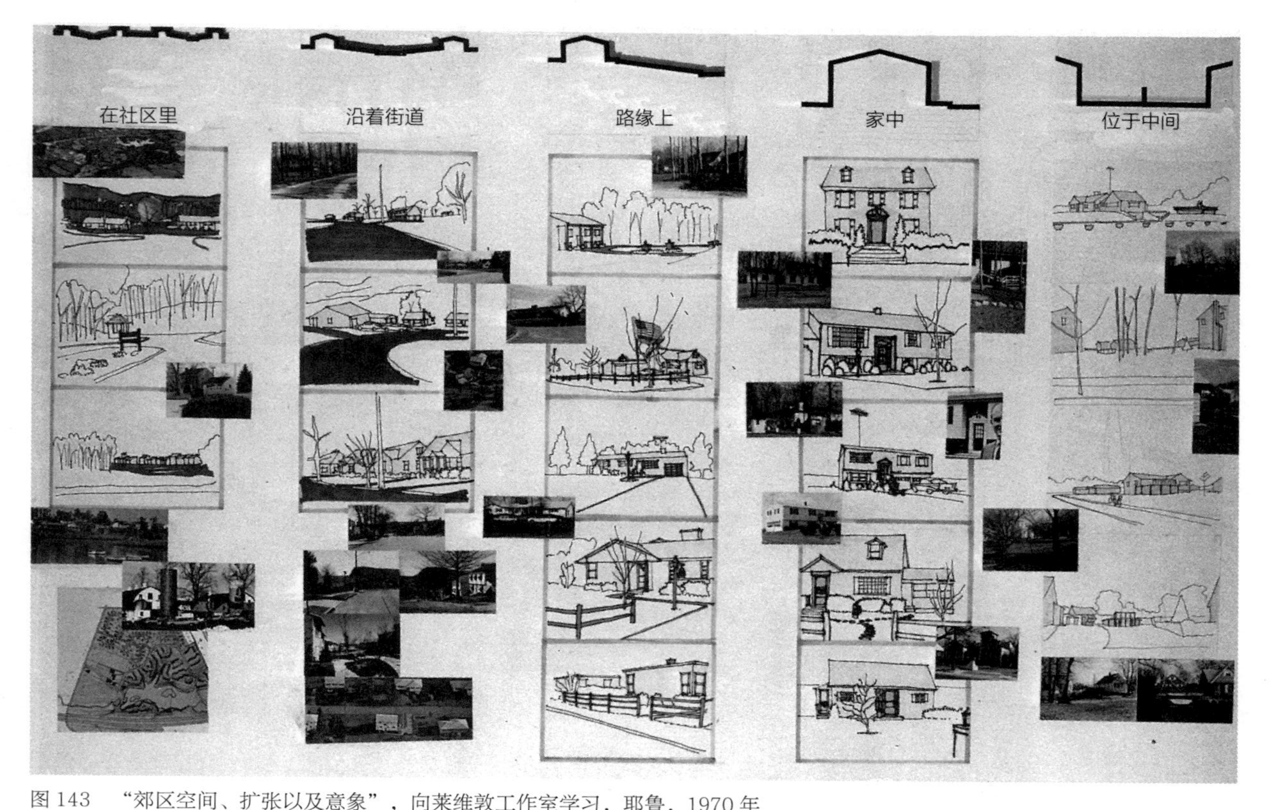

图143 “郊区空间、扩张以及意象”，向莱维敦工作室学习，耶鲁，1970年

建造商所用的本土化形式的符号意义也起着识别和强调业主个性的作用。居住在一条意大利中世纪街道上本地不知名的住宅里的居民，能够通过前门上的装饰——或者服装上的图样——断定身份（在一个空间狭窄的、可以步行到达的社区内）。纳什（Nash）所描写的伦敦平屋顶那统一化的立面后面的建筑群也是如此。但是，因为中等阶层的郊区居民不是生活在战前的建筑里，而是在大空间中样式相似的建筑里，空间识别必须依靠住宅形式的符号设计，由开发商提供样式（例如错层的殖民地式样），或随后由业主自己装上符号化装饰（例如，橱窗里的洛可可灯具或者外面的货车轮等，图 144）。

郊区景观的评论家们将标准装饰构件的无限组合归结为混乱而不是多元化。郊区景观专家认为这是没有欣赏力的外行人的想法，认为我们这些文化的人工制品拙劣的观点在涉及尺度问题时是错误的。这就像认为 1.52 米高的毛坯式剧场布景不适用，或者像反对制作看起来高过一个巴洛克式檐口的爱神裸体石膏像，因为它缺少文艺复兴式陵墓上的米诺・达菲耶索莱[1] 浅浮雕的精致。同时，郊区廉价住宅的大胆醒目转移了对于就连静默的成年人也不喜欢的电线杆的视线。

图 144　带有实用标志的开发商住宅

1. Mino da Fiesole，1429—1484 年，意大利早期文艺复兴雕塑家。——译者注

沉默的大多数白人的建筑

许多人喜欢郊区。这是一个向莱维敦学习的具有说服力的理由，最终出人意料的事情是，尽管现代建筑从一开始就强调了其建筑观强有力的社会基础，现代建筑师却一直在使形式和社会方面的关系分离而非结合。由于摒除了莱维敦，在建筑活动中旗帜鲜明地发扬社会科学作用的现代建筑师便会抵制整套强权式的社会模式，因为他们不喜欢这些模式中的建筑逻辑。相反地，通过将莱维敦定义为“沉默的大多数白人”（silent-white-majority）的建筑，他们再一次抵制它，因为他们不喜欢“沉默的大多数白人”的政治观点。这些建筑师否认我们社会的多样性，这些多样性将首先把社会科学与建筑学联系起来。作为带着理想的专家，他们表面上承认社会科学，实际却是为了人类建造而不是为人民——这意味着只建造适合于他们自己的，即适合于他们自己特殊的、要强加于每一个人的高等中产阶级价值观。大多数郊区居民抵制建筑师的价值观倾向的有限的正式语汇，或在 20 年后接受经当地建筑商改造过的它们：把美国式住宅改成农场住宅的式样。只有居住公共住宅的十分贫困的居民，才受建筑师的价值观的支配。开发商为市场而建造而不是为人类，也许他们造成的伤害会比那些掌握了开发商权力的专制建筑师要少。

支持中产阶级按照自己的建筑审美观行事的权利，不一定必须赞同强硬的和保守的政治策略。同时我们也发现，莱维敦式的美学观被中产阶级的大多数成员所赞同，既有黑人也有白人，既有保守派也有自由主义者。如果分析郊区建筑物可以看到尼克松政权已经“渗透进了建筑批评的领域”[1]，那么在 10 多年以前，尼克松的信徒便已渗透到城市规划领域了，例如，艾布拉姆斯（Abrams）、甘斯、韦伯（Webber）、迪克曼（Dyckman）以及达维多夫（Davidoff）等人。因为我们的批评没有什么新鲜的，社会规划者早在 10 多年前就已经提出它了。但是在对这种“尼克松 - 静默 - 大多数人”的声讨中，尤其在它与其种族性与军事性相对的建筑性方面，自由主义与老式阶层的势利之间有着模糊的界线。

另外显而易见的是，“视觉污染”（通常是别人的住宅或商业建筑）与空气污染和水污染的情况不同。你可以喜欢阿巴拉契亚（Appalachia）的广告板却不满意在那里进行的露天开采。污染土地、空气和水，不存在“适宜的”方式。我们能够通过学习了解城市扩张和商业带做得更好。无论如何，《生活》（*Life*）杂志有一篇社论名为《抹煞成熟的汪达尔作风》（汪达尔作风，指对文化艺术品破坏，野蛮行为。——译者注）（Erasing Grown-up Vandalism），把郊区的扩张、广告板、电线和煤气站等同于过度掠夺乡村土地的露天开采。[2]“视觉污染”似乎启发了对其持有警觉性的社论作者和摄影师，以弥尔顿及多雷（Milton and Doré）的方式诗意地描写它。他们的风格常常与他们的责骂直接冲突。假如它一无是处，为何又是如此令人鼓舞呢?

---

1. Ulrich Franzen, *Progressive Architecture*, Letter to the Editor（April 1970）, p.8.
2. *Life*（April 9, 1971）p.34. Direct quotation was not permitted.

社会的建筑学与象征主义

作为期待将自然资源再分配给社会的建筑师，我们必须把重点放在效果和它们的促进方面而不是放在遮蔽它们的建筑物上。这个再定位需要的将是平凡的建筑物而不是鸭子。但是当只有极少的钱可投在建筑物上时，则需要最伟大的建筑想象力。具有社会目标的普通的建筑物和图式不会源自工业化的过去，只会源自我们所处的城市中带有象征性附属物的普通建筑物和平凡空间。

为了解决建筑的隐喻和我们时代关键的社会难题，我们需要摒弃那些混乱的建筑表现主义以及想在形式语言之外建造建筑的错误想法，去寻找适合于时代的形式语言。这些语言将整合象征主义与修辞学的附饰品。在革命的时代，具有说教性的象征主义与建筑的宣传作用，通常用以促进革命目标的实现。对今天犹太重建者的象征主义（非洲的斗士或者中产阶级保守派）和对革命性的法兰西的浪漫主义罗马共和国的象征主义来说，也是如此。布莱（Boullé）是一位宣传员、象征主义者，也是一名形式主义者。正如我们所见，他认为，与其说建筑是空间中的形式，不如说它是空间中的符号。为了找到我们的象征性，我们必须到当代城市的郊区边缘去，那里吸引人的是象征性而不是形式主义，而且代表了几乎所有美国人，包括大多数低收入的城市居民以及沉默的大多数白人的渴望。原型的洛杉矶将是我们的罗马，拉斯维加斯将是我们的佛罗伦萨，像几代前的原型谷物升降机一样，弗拉明戈标志牌，将成为范例，震撼我们对于一种新建筑的敏感性（图 145）。

图 145　弗拉明戈酒店，拉斯维加斯

高设计建筑学

最后要说的是，向通俗文化学习不会使建筑师脱离他或她在高级文化中的地位。但是它也许会将高级文化改造，使其符合当前的需要和观念。因为高级文化及其拥护者在城市更新和其他权力机构圈子中是强有力的，我们感觉到人类所需要的建筑学（并非建筑师决定的人类所需要的）没有很多机会对抗城市更新，除非它与文化结合，才有可能被决策者所接受。帮助实现这个目标是高设计建筑师的不该受到责备的一个职责。它连同通过玩笑和讽刺转向严肃的道德的瓦解，为非独裁艺术家提供了在社会条件下并不适合他的武器。建筑师反而成了一个小丑。

讽刺也许是一种工具，可以用来对抗和混合多元社会中关于建筑的一些分歧价值观，还能够调节存在于建筑师和业主之间的价值观的差异。社会各阶层是很难走到一起的，但假如他们能在多元城市建筑的设计及建造方面形成暂时的联盟，在各方面就需要对自相矛盾的判断力与某些讽刺性与智慧。

理解波普艺术的信息内容及其设计方法，并不意味着一个人需要同意、赞成或者复制这个内容。如果商业带里的信念只是唯利是图的操纵和低效传输，[1]能够巧妙地吸引我们对其动心，但却只是传输表面的信息，这并不意味着我们这些学习其技术的建筑师必须复制其内容或其信息的皮毛。（但是，它帮助我们认识到现代建筑也有一定的内容，也会使人感到索然乏味。）就像利希滕斯坦

1. Thomas Maldonado, *La speranza progettuale, ambiente e società*, Chapter 15, Nuovo Politecnico 35(Turin: Einaudi, 1970) .

（Lichtenstein）曾经借助幽默的技巧和图式传达讽刺、悲痛和嘲弄而不是借助与暴力有关的高级投机一样，建筑师们的许多高级读本传达了惋惜、讽刺、爱、人性化、快乐或者仅仅传达了其中的效果，不是买肥皂的需要或纵容的可能性。另外，建筑学符号内容的解释与评价是一个模棱两可的过程。沙特尔（Chartres）的说教式象征主义对一些人来说可能表现了中世纪神学的精微之处，对另外一些人来说表现了中世纪迷信特色或者操纵的深奥性。操纵不是粗鲁的重商主义的专利。操纵有两种方式：商业利益的操作及广告板的图像表达，但是当它们利用自身的权威促进反标志立法和美化运动时，文化说客和设计评论委员也会这样做。

总 结

之前，评论家与历史学家已经讨论了现代建筑的随时代进步的、科技的、本土化的、过程导向的、表面上与社会相关的、宏伟的及创新性的内容。我们的观点是，这个内容不会必然跟随功能问题的解决而产生，它产生于现代建筑师们未说明的外观偏好，明显地是通过一种形式语言甚至是几种形式语言产生的，我们认为形式语言和联想系统是必然的和有益的，只有在我们对其毫无意识的时候才成为专制主义。我们的另外一个观点是，不被承认的现行的现代建筑的象征主义内容很愚蠢。我们一直在设计死鸭子。

我们无法知道时代的潮流是否已经向严肃的建筑海洋学城市规划冲来，例如，当把它与世界未来主义建筑的梦想家们当前面向大潮的态度进行对比时，我们认为那一天会到来的，尽管现在预见其形式结果是不可能有这么一天。作为当前的开业建筑师，我们对于这样的预言不感兴趣。然而，我们知道，我们社会的主要资源是那些几乎不具建筑潜能的东西，例如：战争、电子通信、太空，甚至是社会服务等。正如我们所说过的，还不是时候，而我们所处的时代也是不适于通过纯粹建筑来进行宏伟交流的。

当现代建筑师们公正地摒弃建筑上的装饰物时，他们就会不知不觉设计成为装饰物的建筑。为了通过象征主义和装饰表达空间与增强表达效果，他们将整个建筑物曲解成为一只鸭子。他们取代了在传统住宅上应用简约和便宜的装饰的习惯，在策划与结构上进行玩世不恭的和昂贵的变形以形成一只鸭子，而微型结构的建筑物通常就是一只鸭子（图 146）。现在，是重新评价过去约翰·罗斯金[1]所描写的恐怖状态的时候了，即把建筑当成结构的装饰物，我们应当补充皮金（Pugin）的警告：装饰建筑但却不构造装饰物是可以接受的。

图 146 微型结构形态通常都是鸭子

1. John Ruskin，1819—1900 年，英国维多利亚时代的诗人、环境主义者、哲学家。—— 译者注

附录：设计评论委员会与美术委员会

以下引自1971年5月与洛杉矶加利福尼亚大学法学院杰西·杜克米尼尔（Jesse Dukeminier）教授的一次访谈。

“设计评论委员会提出了一些宪法的条文。律师们用‘正当的程序’和‘平等的法律保障’等术语来表示它们，‘正当的程序’是指给人以发言的机会，‘平等的法律保障’意味着防止专制歧视。为此有两个方法实现：

（1）将建筑标准列入法律体系；

（2）对问题无法量化标准时，要依赖于建立公平的法律程序、依赖于要求判决时的责任心。”

“已经存在一些标准长期以来控制着建筑设计。例如在土地区域规划中，我们有建筑退让线、体量控制以及高度限制。这些是能够规范建筑师开展设计的标准，因为它们的确不会涉及太多的决定权，每一个有能力的人都服从于它们。假如城市预先制定了这些标准，建筑师就不能够说受到歧视，虽然他会不同意标准本身。”

“那些不能制定标准、存在不服从标准的问题的地方，我们将指定仲裁委员会并赋予其决定权。但是委员会必须对其决定负责任。在美国的法律系统里有许多方法使得人们对其行为负责任。例如法官有着较大的决定权，但是他们必须出具意见。他们要为在法庭上的决议做出解释。当他们出具报告、表明想法的时候便要接受监督。这是一种较好的保护措施。”

“以法律的观点来看，设计评论委员会的问题核心如下：

（1）没有制定标准指导它们；

（2）他们的决定权较为宽泛，我们没有完善的措施系统去使其对自己的行为负责。”

法庭已规定美观是一种城市的乐趣，需要通过治安力量、评论委员会以及其他法规措施实现，但是它们没有界定衡量美观的标准，或合理判定美观的程序，城市的美观是可以深化的，或者可以根据公正的评判加以改进。地方上的权威们总是指定以自己的决定权确定别人的作品美观与否的“专家”（一般是当地建筑师）。在此系统中对反复无常、独裁主义或者金钱主义的界定存在于每一个委员会成员的内心之中。即所谓人治而非法治。

在仅以喜好为基础的项目中，诚恳的建筑师会不知所措地被撇到一边，而且由于计划多于设计，常常会有数千美金被不成功的试验所耗尽，用以期待或追随“专家”的权威性，这些“专家”的喜好与人生观都不同于建筑师，而且反复无常以致于难以理解。

从审美的方面来看，该目标也是不成功的。任何艺术家都会告诉立法者：不能够为美观立法，借助专家尝试为美观立法不仅会导致明显的不公平，同时也会使环境窒息。

在追求安全性时往往忽略了美观，这导致了千篇一律而非多元化的活力。它会在今天操纵评论委员会和已经在美学方面取得成功的陈旧的建筑改革条令下消亡。

参考文献

A. 有关文丘里 - 劳赫事务所的著作

B. 罗伯特・文丘里的著作

C. 丹尼丝・斯科特・布朗的著作

D. 罗伯特・文丘里与丹尼丝・斯科特・布朗的合著

E. 丹尼丝・斯科特・布朗与罗伯特・文丘里的合著

F. 文丘里 - 劳赫事务所其他成员的著作

A. 有关文丘里 - 劳赫事务所的著作

1960 年

"From Repainting to Redesign," *Architectural Forum,* January 1960，pp. 122-130.(Duke House, New York University.)

"NYU-Duke House," *Interiors*, March 1960, pp. 120-125.

1961 年

"New Talent USA-Architecture," *Art in America*, vol. 49, No. 1,1961, p. 63. (Article concerns Robert Venturi；discusses 2 architectural projects.)

Rowan, Jan C., "Wanting to Be：The Philadelphia School," *Progressive Architecture,* April 1961, pp. 131-163.

1963 年

"FDR Memorial Competition: Discussion," *Casabella*, November 1963, pp. 12-13. "High Style for a Campus Eatery," *Progressive Architecture,* December 1963, pp. 132-136. (Grand' s Restaurant.)

1964 年

"Americans to Watch in 1964：Architecture-Robert Venturi," *Pageant*, February 1964, p. 72.

Moore, Charles, "Houses: The Architect Speaks to Man' s Needs," *Progressive Architecture*, May 1964, pp. 124ff.

1965 年

Architectural League of New York : Architecture and the Arts Awards, 1965. (Venturi House : Honorable Mention.)

Charette-Pennsylvania Journal of Architecture, November 1965. (Cover : Venturi House.)

"Complexities and Contradictions," *Progressive Architecture,* May 1965, pp. 168-174.

Love, Nancy, "The Architectural Rat Race," *Greater Philadelphia Magazine,* December 1965, pp. 55ff.

Osborn, Michelle (in consultation with Romaldo Giurgola), "A Personal Kind of House," *The Philadelphia Evening Bulletin,* October 15, 1965, p. 55. (Venturi House.)

"Paths of Younger Architects," The *Philadelphia Inquirer Magazine,* March 3, 1965.

"Robert Venturi," *Arts and Architecture,* April 1965, p. 22.

"Venturi' s Philadelphia Fountain Exemplifies Vernacular Urban Scale," *South Carolina AIA Review of Architecture*, 1965, pp. 29-31.

1966 年

"Are Young Architects Designing Prototypes of Your Future Models?" *American Builder,* October 1966, pp. 60-71. (Venturi House.)

"Dynamic Design with Angular Planes," *House and Garden Building Guide,* Spring/Summer. 1966, pp. 132-135.

McCoy, Esther, "Young Architects: The Small Office," *Arts and Architecture,* February — March 1966，p. 28.

Scott Brown, Denise, "Team 10, Perspecta 10 and the Present State of Architectural Theory" (see Section C).

Scully, Vincent, "America' s Architectural Nightmare : The Motorized Megalopolis," *Holiday*, March 1966, pp. 94ff.

Stern, Robert A. M., *40 under 40*, Architectural League of New York, 1966.

(Catalog for exhibit at the Architectural League of New York.)

Stern, Robert A. M., "Review of *L ' architecture d' aujourd'hui* Issue on USA '65," *Progressive Architecture*, May 1966, pp. 256,266.

"Venturi House- 'Mannerist' ," *Architectural Review*, February 1966, p. 49.

1967 年

Blake, Peter, *Architectural Forum*, June 1967, pp. 56-57. (Review of *Complexity and Contradiction in Architecture* ; discussion, July 1967, p. 16.)

Colquhoun, Alan. "Robert Venturi," *Architectural Design*, August 1967, p. 362.

"Fourteenth Annual Design Awards," *Progressive Architecture*, January 1967, pp. 144-154.

Journal of the American Institute of Architects, June 1967, p. 94. (Review of *Complexity and Contradiction*.)

"Maison R. Venturi," *L' Architecture d' aujourd' hui*, January 1967, p. 26.

Miller, N., *Journal of the Society of Architectural Historians*, December 1967, pp. 381-389. (Review of *Complexity and Contradiction*.)

"New-Old Guild House Apartments," *Progressive Architecture*, May 1967, pp. 133-137.

"New Schools for New Towns, "*Design Fete IV*, School of Architecture, Rice University, Houston, Texas. 1967.

Pile, J. F., *Interiors*, July 1967, p. 24. (Review of *Complexity and Contradiction*.)

Ramsgard, Birgitte, "Complexity and Contradiction" ("Om Kompleksitet i Arkitektinen"), *Arkitekten*, 1967, pp. 608-609.

Rykwert, J., *Domus*, August 1967, p. 23. (Review of *Complexity and Contradiction*.)

"The Permissiveness of Supermannerism," *Progressive Architecture*, October 1967, pp. 169-173.

"Three Projects," *Perspecta 11*, 1967, pp. 103-111.

Wellemeyer, Marilynt, "An Inspired Renaissance in Indiana," *Life*, November 17, 1967, pp. 74-84.

Whiffen, M., *Journal of the Society of Architectural Historians*, October 1967, pp. 198-199. (Review of *Complexity and Contradiction*.)

"Young American Architects," *Zodiac 17*, 1967, pp. 138-151.

1968 年

Bottero, Maria, "Passanto e presente nell' architettura 'pop' Americana," *Communità*, December 1968.

"L' Architecture en tant qu' espace, l' architecture en tant que symbole," *L' Architecture d' aujourd' hui*, September 1968, pp. 36-37.

"Less is Bore," *Toshi-Jukatu : A Monthly Journal of Urban Housing*, June 1968, pp. 42-46ff.

Lobell, John, "Both-And : A New Architectural Concept," *Arts*, February 1968, pp. 12-13.

McCoy, Esther, "Buildings in the United States," *Lotus*, vol. 4, 1967/8, pp. 15-123.

Norberg-Schulz, Christian, "Less or More?," *Architectural Review*, April 1968, pp. 257-258.

Osborn, Michelle, "Dilemma in a Time of Change," *The Philadelphia Evening Bulletin*, April 26, 1968. (Brighton Beach.)

"Pop Architecture," *Architecture Canada*, October 1968.

Record of Submissions and Awards, *Competition for Middle Income Housing at Brighton Beach*, HDA, City of New York, Brooklyn, 1968. (Jury comments.)

"Two New Buildings by Venturi and Rauch," *Progressive Architecture*, November 1968, pp. 116-123. (Fire Station #4, Columbus, Indiana, and the Medical Office Building, Bridgeton, N.J.)

1969 年

Berson, Lenore, "South Street Insurrection," *Philadelphia Magazine*, September 1969 , pp. 87-91ff.

"Education and Extension," *Art Gallery of Ontario Annual Report 1969-1970*. (On Bauhaus Lectures by Venturi.)

Huxtable, Ada Louise, "The Case for Chaos," *The New York Times*, January 26, 1969, Section 2. Reprinted in *Will They Ever Finish Bruckner Boulevard?*, 1970.

Jencks, Charles, "Points of View," *Architectural Design*, December 1969. (Football Hall of Fame.)

Jenson, Robert, "Resort Hotels : Symbols and Associations in Their Design," *Architectural Record*, December 1969, pp. 119-123.

Love, Nancy, "The Deflatable Fair," *Philadelphia Magazine*, April 1969, pp. 137-140. (Denise Scott Brown and Robert Venturi on the Bicentennial.)

Richard, Paul, "Learning from Las Vegas," *The Washington Post*, January 19,1969, The Arts, pp. kl, k8.

Richard, Paul, "Learning from Las Vegas," *Today' s Family Digest*, November 1969, pp. 12-17.

Scully, Vincent, "A Search for Principle Between Two Wars," *Journal of the Royal Institute of British Architects*, June 1969, pp. 240-247. (A discussion of architectural aesthetics, philosophy, etc., with reference to Venturi.)

Scully, Vincent, *American Architecture and Urbanism*. New York : Frederick A. Praeger, Inc., 1969.

Stem, Robert A. M., *New Directions in American Architecture*. New York : George Braziller, 1969. (Chapter on Venturi, pp. 50-59.)

Watson, Donald, "LLV, LLV : ? VVV," *Novum Organum* 5. New Haven : Yale School of Art and Architecture, 1969. (Review of Las Vegas studio.)

Wolfe, Tom, "Electrographic Architecture," *Architectural Design*, July 1969, pp. 380-382.

1970 年

"A Question of Values," *American Heritage*, August 1970, p. 119. (On planning for South Street.)

"Academic Village : State University College, Purchase, New York; Social Science and Humanities Building," *Architectural Forum*, November 1970, pp.

38-39.

Annual Report 1970 of the Director of University Development, Yale University, New Haven, Connecticut, 1970, pp. 19-23. (Yale Mathematics Building.)

Berkeley, Ellen Perry, "Mathematics at Yale," *Architectural Forum*, July/August 1970, pp. 62-67. See readers' response, October 1970.

Berson, Lenore, "Dreams for a New South Street are Spun at Theatre Meetings," *Center City Philadelphia*, February 1970.

"Choosing a Non-Monument," *Architectural Forum*, June 1970, p. 22. (Yale Mathematics Building.)

"Competition-Winning Building to Provide Yale Mathematicians with New Quarters," *Journal of the American Institute of Architects*, July 1970, p. 8.

"Co-op City Controversy," *Progressive Architecture*, April 1970, p. 9. (See also letters to the editor on "Co-op City : Learning to Like It," ibid., February 1970.)

Davis, Douglas, "Architect of Joy," *Newsweek*, November 2, 1970, pp. 103-106. (Article about Morris Lapidus.)

Eberhard, John P. , "American Architecture and Urbanism," *Journal of the American Institute of Architects*, August 1970, pp. 64-66.

Huxtable, Ada Louise, "Heroics are Out, Ordinary is In," *The New York Times*, January 18, 1970, Section 2.

Huxtable, Ada Louise, *Will They Ever Finish Bruckner Boulevard*?, New York : Macmillan Company, 1970, pp. 186-187.

"In Defense of the Strip," *Journal of the American Institute of Architects*, December 1970, p. 64. (On Las Vegas.)

Jacobs, Jay, "A Commitment to Excellence," *The Art Gallery*, December 1970, pp. 17-32.

Kurtz, Stephen A., "Toward an Urban Vernacular," *Progressive Architecture*, July 1970, pp. 100-105.

"Mathematics at Yale : Reader' Response," *Architectural Forum*, October 1970, pp. 64-66. See also "Your Point of View," *Progressive Architecture*,

November 1970.
"Ordinary as Artform," *Progressive Architecture*, April 1970, pp. 106-109. (Lieb House.)
Osborn, Michelle, "The Ugly American Architect," *Philadelphia Magazine*, April 1970, pp. 52-56.
Pawley, Martin, "Leading from the Rear," *Architectural Design*, January 1970, p. 45. (See also reply to Pawley, *Architectural Design*, July 1970.)
Reif, Rita, "A Family Who Built a 'Real Dumb House' in a 'Banal Environment', "*The New York Times*, August 17, 1970, p. 22L. (Lieb House.)
"Saint Francis.de Sales Church," *Liturgical Arts*, August 1970, pp. 124-126.
Schulze, Franz, "Chaos as Architecture," *Art in America*, July/August 1970, pp. 88-96. (Discussion of the philosophy and work of Venturi and Rauch. Reply, November 1970.)
"Seventeenth Annual Progressive Architecture Design Awards," *Progressive Architecture*, January 1970, pp. 76-135. (Robert Venturi juror.)
Sica, Paolo, *L'immagine della città da Sparts a Las Vegas*. Bari : Laterza,1970. Smith, C. Ray, "Electric Demolition, A Milestone in Church Art : St. Francis de Sales, Philadelphia," *Progressive Architecture*, September 1970, pp. 92-95.
"Zoning Rebuilds the Theatre, " *Progressive Architecture*, December 1970, pp. 76ff.

1971 年

"A House on Long Beach Island," *International Asbestos Cement Review*, April 1971, pp. 6-8.
Architecture for the Arts : The State University of New York College at Purchase. New York : The Museum of Modern Art, 1971.
Cliff, Ursula, "Are the Venturis Putting Us On?" *Design and Environment,* Summer 1971, pp. 52-59ff.
Davis, Douglas, "New Architecture : Building for Man," *Newsweek*, April 19,

1971, pp. 78-90.

Eisenman, Peter, et al., "The City as an Artifact," *Casabella*, Vol. 35, No. 359/360, December 1971. (See articles by Eisenman, Rykwert, Ellis, Anderson, Schumacher, and Frampton, and reply by Scott Brown.)

Glueck, Grace, "Don' t Knock Sprawl," *The New York Times*, October 10, 1971, p. 16D.

Goldberger, Paul, "Less is More-Mies van der Rohe. Less is a Bore-Robert Venturi," *The New York Times Magazine*, October 19, 1971, pp. 34-37ff.

Goodman, Robert. *After the Planners*. New York : Simon & Schuster, 1971.

Huxtable. Ada Louise, "Celebrating 'Dumb, Ordinary' Architecture," *The New York Times*, October l, 1971, p. 43.

Huxtable. Ada Louise, "Plastic Flowers are Almost All Right," *The New York Times*, October 10, 1971, p. 22D.

Jensen, Robert, "Images for a New Cal City," *Architectural Record*, June 1971, pp. 117-120.

Kauffman, Herbert H., "A Sophisticated Setting for Two Suburban G.P.' s," *Medical Economics*, December 6, 1971, pp. 88-90.

Kay, June Holtz, "Champions of Messy Vitality," *The Boston Sunday Globe*, October 24, 1971，p. 25A.

McLaughlin, Patsy, "Ms. Scott Brown Keeps Her Own Taste to Herself," *The Pennsylvania Gazette*, December 1971, p. 38.

Nelson, Nels, "Bonkers Over Billboards-and Very Cereus," *The Philadelphia Daily News*, September 24, 1971, p. 3F.

Osborn, Michelle, "The Crosstown is Dead. Long Live the Crosstown," *Architectural Forum*, October 1971, pp. 38-42.

Papachrisitou, Tician, and James Stewart Polshek, "Venturi: Style, not Substance," *The New York Times*, November 14, 1971, p. 24D.

"Robert Venturi," *Architecture and Urbanism*, Japan, October 1971.(Issue devoted to the work of Venturi and Rauch.)

"Robert Venturi," *Kenchiku Dunka*, March 1971, pp. 84-94.

Scully, Vincent, "The Work of Venturi and Rauch, Architects and Planners," Whitney Museum of American Art, September 1971. (Exhibit pamphlet.)

"Venturi and Rauch," *L' architecture d' aujourd' hui*, December-January 1971-1972, pp. 84-104 and cover. (Plans 1964-1970 ; Yale Mathematics Building; Trubek and Wislocki houses; Crosstown Community; California City.)

"Venturi and Rauch Projects Shown in New York, " *Architectural Record*, November 1971, p. 37.

Vrchota, Janet, "Bye, Bye Bauhaus, "*Print*, September/October 1971, pp. 66-12.(On Venturi and Rauch exhibit at Whitney Museum.)

"Yale Mathematics Building," *Architectural Design*, February 1971, p. 115.

1972 年

"Aprendiendo de Todas Las Cosas," *Arte Y Comento*, Bilbao, November 20, 1972.

"Arquitectura Pop," *El Comercio*, Lima, Aberlardo Oquerdo, April 16,1972. (Review of *Aprendiendo*.)

Blasi, Cesare and Gabriella, "Venturi," *Casabella*, No. 364, April 1972, pp. 15-19.

"Brown, D.S., y Venturi, R.; 'Aprendiendo de Todas Las Cosas' ," *ABC*, Miguel Perer Ferrero, Madrid, April 26, 1972.

Corrigan, Peter, "Reflection on a New American Architecture : The Venturis," *Architecture in Australia*, February 1972, pp. 55-66.

Cuadernos de Arquitectura, Barcelona, January 1972. (Review of *Aprendiendo*.) Davis, Douglas, "From Forum to Strip," *Newsweek*, October 1972, p. 38.

Donohoe, Victoria, "Buildings: Good and Bad," *The Philadelphia Inquirer*, June 30, 1972, p. 18.

Drew, Philip, *Third Generation : The Changing Meaning of Architecture*. New York : Praeger Publishers, 1972, pp. 35, 42, 48, 152ff, 160,162. Published in

German as *Die Dritte Generation* : *Architektur zwishen Produkt und Prozess*. Stuttgart : Verlag Gerd Hatje, 1972.

Flanagan, Barbara, "Venturi and Venturi, Architectural Anti-Heroes," *34th Street Magazine*, April 13, 1972, pp. 1, 4.

Friedman, Mildred S., ed., "Urban Redevelopment : 19th Century Vision, 20th Century Version, " *Design Quarterly*, no. 85, 1972.

Groat, Linda, "Interview : Denise Scott Brown," *Networks 1*, California Institute of the Arts, 1972, pp. 49-55.

Hoffman, Donald, "Monuments and the Strip," *The Kansas City Star*, December 10, 1972, p. 1D. (Review of *Learning from Las Vegas*.)

Holmes, Ann, "Art Circles," *Houston Chronicle*, May 7, 1972.

Huxtable, Ada Louise. "Architecture in '71 : Lively Confusion," *The New York Times*, January 4, 1972, p. 26L.

Jackson, J. B., "An Architect Learns from Las Vegas," *The Harvard Independent*, November 30, 1972.

Jellinek, Roger, "In Praise (!) of Las Vegas," *The New York Times*, Books of the Times, December 29, 1972, p. 23L.

"Learning from Las Vegas by Robert Venturi, Denise Scott Brown and Steven Izenour," *The New Republic*, Book Reviews, December 2, 1972.

Maldonado, Thomas. *La Speranza progettuale*, *ambiente e società*, Nuovo Politeenico 35. Turin : Einaudi, 1970. In English, *Design*, *Nature*, *and Revolution*, *Toward a Critical Ecology*, trans. Mario Domandi. New York : Harper & Row, 1972.

Marvel, Bill, "Can McDonald' s, Chartres Find Happiness?" *The Miami Herald*, February 20, 1972, pp. 49K-50K.

Marvel, Bill, "Do You Like the Arches? Sure, Easy, I Love Them!" *The National Observer*, February 12, 1972, pp. 1, 24.

McQuade, Walter, "Giving Them What They Want : The Venturi Influence," *Life Magazine*, April 14, 1972, p. 17.

Plous, Phyllis, "The Architecture of Venturi and Rauch," *Artweek*, Santa Barbara, November 1972, p. 3.

"Renovation of St. Francis de Sales, Philadelphia,1968," *Architectural Design*, June 1972, p. 379.

Robinson, Lydia, "Learning from Las Vegas." *The Harvard Crimson*, December 4, 1972, p. 2.

Schwartz, Marty, "Radical-Radical Confrontation : I.V. Is Almost All Right," *UCSB Daily News*, November 16, 1972, p. 5.

Sealander, John "Appreciating the Architectural UGLY," *The Highlander*, University of California at Riverside, November 30, 1972.

"Unas notas sobre, 'Aprendiendo de todas las cosas,' de Robert Venturi," Gerardo Delgado, Jose Ramon Sierra, *El Correo de Andalusia*, May 2, 1972.

"Un diseño per al consumisme," *Serra D ' Or*, Oriul Bohigas, February 1972, p. 18. (Review of *Aprendiendo*.)

Vandevanter, Peter, "Unorthodox Architect," *Princeton Alumni Weekly*, Alumni Adventures, December 12, 1972, p. 15.

Vandevanter, Peter, "Venturi: Controversial Philadelphia Architect," *The Daily Princetonian*,

February 26, 1972, p. 5ff.

Vermel, Ann, *On the Scene*, Hartford Stage Company, January 1972, pp. 1-2.

Waroff, Deborah, "The Venturis-American Selection," *Building Design*, no. 113, August 4, 1972, pp. 12-13.

Wines, James, "The Case for the Big Duck : Another View," *Architectural Forum*, April 1972, pp. 60-61, 72.

1973 年

"Award of Merit," *House and Home*, May 1973, pp. 116-117.

"Best Houses of 1973," *American Home*, September 1973, p. 52.

Blanton, John, "Learning from Las Vegas," *Journal of the American Institute of Architects*, February 1973, pp. 56ff.

Carney, Francis, "The Summa Popologica of Robert ('Call Me Vegas') Venturi," *Journal of the Royal Institute of British Architects*, May 1973, pp. 242-244.

Cook, John W. and Klotz, Heinrich, *Conversations With Architects*. New York : Praeger Publishers, Inc., 1973. Interview with Robert Venturi and Denise Scott Brown, reprinted as "Ugly is Beautiful : The Main Street School of Architecture," *The Atlantic Monthly*, May 1973, pp. 33-43.

"En Passant Par Las Vegas," *Architecture*, *Mouvement*, *Continuité*, September 1973, pp. 28-34. (Review of *Learning from Las Vegas*.)

Fowler, Sigrid H., "Learning from Las Vegas," *Journal of Popular Culture*, Vol. 7, No. 2, 1973, pp. 425-433.

French, Philip, "The World' s Most Celebrated Oasis," *The Times* (London), February 26, 1973. (Review of *Learning from Las Vegas*.)

Glixon, Neil, "IS This Art?" *Scholastic Voice*, November 29, 1973, pp. 2-8.

Hack, Gary, "Venturi View of the Strip Leads to Las Vagueness," *Landscape Architecture*, July 1973, pp. 376-378.

Holland, Laurence B., "Rear-guard Rebellion," *The Yale Review*, Spring 1973, pp. 456-461. (Review of *Learning from Las Vegas*.)

Huxtable, Ada Louise, "In Love with Times Square," *The New York Review of Books*, October 18, 1973, pp. 45-48. (Review of *Learning from Las Vegas*.)

Kemper, Alfred M., Sam Mori, and Jacqueline Thompson, *Drawings by American Architects*, New York : John Wiley and Sons, 1973, pp. 564-567.

Kurtz, Stephen A., *Wasteland : Building the American Dream*. New York : Praeger Publishers, 1973, pp. 11ff.

Levine, Stuart G., "Architectural Populism," *American Studies* (urban issue), Spring 1973, pp. 135-136. (Review of *Learning from Las Vegas*.)

McCoy, Esther, "Learning from Las Vegas," *Historic Preservation*, January-March 1973, pp. 44-46.

Matsushita, Kazuyuki, "Learning from Las Vegas," *Architecture and Urbanism*,

Japan, April 1973, p. 116.

Merkel, Jayne, "Las Vegas as Architecture," *The Cincinnati Enquirer*, December 16, 1973, p. 6-G.

Moore, Charles, "Learning from Adam' s House," *Architectural Record*, August 1973, p. 43. (Review of Learning from Las Vegas.)

Neil, J. Meredith, "Las Vegas on My Mind," *Journal of Popular Culture*, Vol. 7, No. 2, 1973, pp. 379-386.

Neuman, David J., "Learning from Las Vegas," *Journal of Popular Culture*, Spring 1973, p. 873.

Pawley, Martin, "Miraculous Expanding Tits versus Lacquered Nipples," *Architectural Design*, February 1973, p. 80. (Review of *Learning from Las Vegas*.)

Silver, Nathan, "Learning from Las Vegas," *The New York Times Book Review*, April 29, 1973, pp. 5-6.

"Some Decorated Sheds or Towards an Old Architecture," *Progressive Architecture*, May 1973, pp. 86-89.

Stem, Robert, "Stompin' at the Savoye," *Architectural Forum*, May 1973, pp. 46-48.

"Strip Building," *Times Literary Supplement*, April 6, 1973, p. 366. von Moos, Stanislaus, "Learning from Las Vegas/Venturi et al.," *Neue Züricher Zeitung*, September 1973.

Wolf, Gary, Review of *Learning from Las Vegas*, *Journal of the Society of Architectural Historians*, October 1973, pp. 258--260.

Wright, L., "Robert Venturi and Anti-Architecture," *Architectural Review*, April 1973, pp. 262-264.

1974年

"A Pair of Seaside Summer Cottages," *Second Home*, Spring-Summer 1974, pp. 68-71.

Allen, Gerald, "Venturi and Rauch' s Humanities Building for the Purchase Campus of the State University of New York," *Architectural Record*, October

1974, pp. 120- 124.

Batt, Margaret, “Historical Foundation Picks Strand Planners,” *The Galveston Daily News*, Sunday, November 24, 1974, p. 1.

Beardsley, Monroe, “Learning from Las Vegas,” *The Journal of Aesthetics and Art Criticism*, Winter 1974, pp. 245-246.

Cambell, Robert, “Yale Sums Up State of the Arts,” *The Boston Globe*, Sunday, December 22, 1974, p. 26A.

Ciucci, Giorgio. “Walt Disney World,” *Architecture*, *Mouvement*, *Continuitè*, December 1974, pp. 42-51.

Cohen, Stuart, “Physical Context/Cultural Context : Including It All,” *Oppositions 2*, January 4, 1974, pp. 1-40.

DeSeta, Cesare, “Robert Venturi, dissacratore e provocatore,” *Casabella*, No. 394, October 1974, pp. 2-5.

Faghih, Nasrine, “Sémiologie du signe sans message,” *Architecture*, *Mouvement*, *Continuité*, Decemter 1974, pp. 35-40.

Farney, Dennis, “The School of ‘Messy Vitality’ ,” *The Wall Street Journal*, January 4, 1974, p. 20.

Fitch, James Marston, “Single Point Perspective,” *Architectural Forum*, March 1974. (Review of *Learning from Las Vegas*.)

Garau, Piero, “Robert Venturi : architetto della strada,” *Americana*, May-June 1974, pp. 37- 40.

Hall, Peter, “*Learning from Las Vegas*,” *Regional Studies*, Vol. 8, No. I, 1974, pp. 98-99. (Review.)

Hine, Thomas, “City Planners Often Forget That People Must Live There,” *The Philadelphia Inquirer*, May 6, 1974, p. 11E.

Hine, Thomas, “Franklin Shrine to Center on Abstract ‘Ghost’ House,” *Philadelphia*
Inquirer, July 19, 1974, pp. 1-D, 3-D.

Hine, Thomas, “Learning from Levittown's Suburban Sprawl,” *The Philadelphia*

Inquirer, February 17, 1974, Section H,I.

Holmes, Ann, “The Pop Artist Who Isn't Kidding Plans to Give Vitality to the Strand, “*Houston Chronicle*. Sunday, November 24, 1974, Part A, Section 4.

Kay, Jane Holtz, “Learning from Las Vegas,” *The Nation*, January 12, 1974.

Koetter, Fred, “On Robert Venturi, Denise Scott Brown and Steven Izenour’ s *Learning from Las Vegas*, ” *Oppositions 3*, May 1974, pp. 98-104.

Kramer, Paul R., “Wir lernen vom Rom und Las Vegas,” *Werk*, *Architektur und Kunst*, February 1974, pp. 202-212. (Interview with Robert Venturi.)

Kuhns, William , “Learning from Las Vegas,” *New Orleans Review*, Fall 1974, p. 394.

Moore, Charles W., and Nicholas Pyle, eds. , *The Yale Mathematics Building Competition*. New Haven and London : Yale University Press, 1974.

Navone, Paola and Bruno Orlandoni, *Architettura “radicale*.” Milan : Casabella, 1974, pp. 33ff.

“Nears Final Design,” *The Hartford Times*, June 1974. (Hartford Stage Company.)

Raynor, Vivien, “Women in Professions, Architecture,” *VIVA*, May 1974, pp. 30-31.

Redini, Maria Caterina, and Carla Saggioro, “I1 tema della decorazione architettonica nell’ America degli anni ‘60 attraverso *Perspecta*, *The Yale Architectural Journal*,” *Rassegna dell’ Istituto di architettura e urbanistica*, University of Rome, August-December, 1974, pp. 99-125.

Schmertz, Mildred F., “Vincent Scully versus Charles Moore,” *Architectural Record*, December 1974, p. 45.

Schulze, Franz, “Toward an ‘Impure’ Architecture,” *Dialogue*, Vol. 7, No. 3, 1974, pp. 54-63.

Scully, Vincent, *The Shingle Style Today*. New York : Braziller, 1974.

Sky, Alison, “On Iconology,” *On Site 5/6 On Energy*, 1974. (Interview with Denise Scott Brown.)

Sorkin, Michael, "Robert Venturi and the Function of Architecture at the Present Time," *Architectural Association Quarterly*, Vol. 6, No. 2. 1974, pp. 31-35. (See also letters in Vol. 7, No. 1.)

Tafuri, Manfredo, "L' Architecture dans le boudoir: The Language of Criticism and the Criticism of language," *Oppositions 3*, May 1974, pp. 37-62.

Treu, Piera Gentile, *Della complessità in architettura : Problemi di composizione urbana nella teorica di Robert Venturi*. Padua : Tipografia "La Garangola," 1974.

"21st Awards Program : A Year of Issues," *Progressive Architecture*, January 1974, pp. 52-89. (Denise Scott Brown juror.)

"Venturi," *Architecture Plus*, March/April 1974, p. 80.

"Venturi and Rauch 1970-1974," *Architecture and Urbanism*, Japan, November 1974. (Issue devoted to the work of Venturi and Rauch.)

Zobl Engelbert, "Architektur USA-East II : Robert Venturi-John Rauch," *Architektur Aktuell-Fach Journal*, April 1974, pp. 17-18.

1975 年

Berliner, Donna Israel and David C., "Thirty-six Women with Real Power Who Can Help You," *Cosmopolitan*, April 1975, pp. 195-196.

Goldberger, Paul, "Tract House, Celebrated," *The New York Times Magazine*, September 14, 1975, pp. 68- 69 , 74. (On the Brant house.)

Hine, Thomas, "East Poplar' s Curious 'Victory' ," *Philadelphia Inquirer*, June 29, 1975. (Fairmount Manor and Poplar Community project.)

Hine, Thomas, "Pretzel-Land Welcomes the World," *The Philadelphia Inquirer*, Today Magazine, Sunday, April 13, 1975, pp. 35-42. (On the City Edges Project.) Polak, Maralyn Lois, "Architect for Pop Culture," *The Philadelphia Inquirer*, Today Magazine, June 8, 1975, p. 8. (Interview with Denise Scott Brown.) "Robert Venturi," *Current Biography*, July, 1975.

Rykwert, Joseph, "Ornament is No Crime," *Studio*,September 1975, pp.95-97.

von Moos, Stanislaus, "Las Vegas, et cetera," and "Lachen, um nicht zu weinen," with French translation, *Archithese 13*, 1975, pp. 5-32.

1976 年

Beck, Haig, "Letter from London," *Architectural Design*, February 1976, p. 121. Dixon, John, "Show Us the Way," editorial, *Progressive Architecture*, June 1976. See also "Views" and "News Report : Scully Refuses AIA Honors," pp. 6, 8, 32, 39.

Forgey, Benjamin, "Keeping the Cities' Insight," *The Washington Star*, February 29, 1976, pp. I, 24c. (Review of "Signs of Life : Symbols in the American City," a Bicentennial exhibition, Renwick Gallery, National Collection of Fine Arts of the Smithsonian Institution, Washington, D.C.)

"Frankiin Court," *Progressive Architecture*, April 1976, pp. 69-70.

(This issue is devoted to the "Philadelphia Story" ; Venturi and Rauch mentioned throughout.)

Futagawa, Yukio (editor and photographer), *Global Architecture 39* : *Venturi and Rauch*, Tokyo : A.D.A. EDITA, 1976. (Text by Paul Goldberger.)

Geddes, Jean, "Is Your House Crawling with Urban Symbolism?" ,*Forecast*, May 1976, pp. 40-41. (Review of "Signs of Life" exhibit.)

Hess, Thomas B., "White Slave Traffic," *New York*, April 5, 1976, pp. 62- 63. (Review of "200 Years of American Sculpture," Whitney Museum, 1976.)

Hoelterhoff, Manuela, "A Little of Everything at the Whitney," *The Wall Street Journal*, June 9, 1976.

Hoffman, Donald, "Art Talk," *The Kansas City Star*, Feburary 8, 1976, p. 3D. (Exhibition at Kansas City Art Institute.)

Hughes, Robert, "Overdressing for the Occasion," *Time*, April 5, 1976, pp. 42, 47. (Review of "200 Years of American Sculpture.")

Huxtable, Ada Louise, "The Fall and Rise of Main Street," *The New York Times Magazine*, May 30, 1976, pp. 12-14. (Includes Galveston project.)

Huxtable, Ada Louise, "The Gospel According to Giedion and Gropius is under

Attack," *The New York Times*, June 27, 1976, pp.1, 29, Section 2.

Huxtable, Ada Louise, "The Pop World of the Strip and the Sprawl," *The New York Times*, March 21, 1976, p. 28D. (Review of "Signs of Life.")

Kleihues, Josef Paul (Organizer), *Dortmunder Architekturausstellung 1976*. Dortmund : Dortmunder Architekturhefte No. 3, 1976. (Catalog of an architecture exhibition that includes work of Venturi and Rauch.)

Kramer, Hilton, "A Monumental Muddle of American Sculpture," *The New York Times*, March 28, 1976, pp.1, 34D. (Review of "200 Years of American Sculpture.")

Kron, Joan, "Photo Finishes," *New York*, March 22, 1976, pp. 56-57.

Lebensztejn, Jean-Claude, "Hyperéalisme, Kitsch et 'Venturi' ," Critique, February 1976, pp. 99-135.

Lipstadt, Hélène R., "Interview with R. Venturi and D. Scott Brown," *Architecture, Mouvement, Continuité*, in press.

Marvel, Bill, "On Reading the American Cityscape," *National Observer*, April 19, 1976. (Review of "Signs of Life.")

Miller, Robert L., "New Haven' s Dixwell Fire Station by Venturi and Rauch," *Architectural Record*,June 1976, pp. 111-116.

Morton, David, "Venturi and Rauch, Brant House, Greenwich, Conn.," *Progressive Architecture*, August 1976, pp. 50-53.

"Off the Skyline and into the Museum," *Newsday*, April 14, 1976, pp. 4-5 A.

Orth, Maureen, with Lucy Howard, "Schlock Is Beautiful," *Newsweek*, March 8, 1976, p. 56. (Review of "Signs of Life.")

Pfisler, Harold, "Exhibitions," *The Decorative Arts Newsletter*, Society of Architectural Historians, Summer 1976, pp. 3-5.

Quinn, Jim, "Dumb is Beautiful," "Learning from Our Living Rooms," *Philadelphia Magazine*, October 1976, pp. 156ff.

Quinn, Michael C., and Paul H. Tucker, "Dixwell Fire Station," *Drawings for Modern Public Architecture in New Haven*. New Haven : Yale University Art Gallery, 1976, pp. 19-24. (Exliibition catalog.)

Reichlin, Bruno, and Marlin Steinman, eds., *Archithese l9*, issue on Realism.

Richard, Paul, "Rooms with a View on Life," *The Washington Post*, April 13, 1976, pp. 1-2 B. (Review of "Signs of Life.")

Rosenblatt, Roger, "The Pure Soldier," *The New Republic*, March 27, 1976, p. 32. (Musings on "Signs of Life.")

Russell, Beverly, "Real Life : It' s Beautiful," *House and Garden*, August 1976, pp. 79ff.

Ryan, Barbara Haddad, "Gaudy Reality of American Landscape Shines in Renwick Show," *Denver Post*, May 9, 1976. (Review of "Signs of Life.")

Stein, Benjamin, "The Art Forms of Everyday Life," *The Wall Street Journal*, April 22, 1976. (Review of "Signs of Life.")

Stephens, Suzanne, "Signs and Symbols as Show Stoppers," *Progressive Architecture*, May 1976, p. 37. (Review of "Signs of Life.")

"Symbols," *The New Yorker*, March 15, 1976, pp. 27-29. ("Signs of Life.")

Von Eckhardt, Wolf, "Signs of an Urban Vernacular," *The Washington Post*, February 28, 1976, pp. 1, 3C. (Review of "Signs of Life.")

Von Moos, S., "Americana : Zwei Ausstellungen in Washington," *Nene Zürcher Zeitung*, July 17-18, 1976. (Review of "Signs of Life.")

B. 罗伯特・文丘里的著作

1953 年

"The Campidoglio : A Case Study," *The Architectural Review*, May 1953, pp. 333-334.

1960 年

"Project for a Beach House," *Architectural Design*, November l960.

1961 年

"Weekend House," *Progressive Architecture*, April 1961, pp. 156-157.

1965 年

"A Justification for a Pop Architecture," *Arts and Architecture*, April 1965, p. 22.

"Complexity and Contradiction in Architecture," *Perspecta 9-10*, 1965, pp. 17-56. (Extract.)

1966 年

Complexity and Contradiction In Architecture. New York : Museum of Modern Art and Graham Foundation, 1966. Translated into Japanese, I969; into French, 1971; into Spanish, 1972.

1967 年

"Selection from : Complexity and Contradiction in Architecture," *Zodiac 17*, 1967, pp. 123-126.

"Three Projects : Architecture and Landscape, Architecture and Sculpture, Architecture and City Planning," *Perspecta 11*, 1967, pp. 103-106.

"Trois batiments pour une ville de l' Ohio," *L' Architecture d' aujourd' hui*, December 1967-January 1968, pp. 37-39.

1968 年

"A Bill-Ding Board Involving Movies, Relics and Space," *Architectural Forum*, April 1968, pp. 74-76. (Football Hall of Fame Competition.)

"On Architecture," *L' Architecture d' aujourd' hui*, September 1968, pp. 36- 39.

1975 年

"Architecture as Shelter with Decoration on It, and a Plea for a Symbolism of the Ordinary in Architecture," 1975. (Unpublished.)

1976 年

"Plain and Fancy Architecture by Cass Gilbert at Oberlin," *Apollo*, February 1976, pp. 6-9.

C. 丹尼丝·斯科特·布朗的著作

1962 年

"Form, Design and the City ," *Journal of the American Institute of Planners*, November 1962. (Film review.)

1963 年

"City Planning and What It Means to Me to Be a City Planner," March 1963. Unpublished.

"Report on the Neighborhood Garden Association, " Philadelphia, March 1963. Unpublished.

1964 年

"Natal Plans," *Journal of the American Institute of Planners*, May 1964, pp. 161-166. (On planning in South Africa.)

1965 年

"The Meaningful City," *Journal of the American Institute of Architects*, January 1965, pp. 27-32. (Reprinted in *Connection*, Spring 1967.)

1966 年

"Development Proposal for Dodge House Park," *Arts and Architecture*, April 1966, p. 16.

"Will Salvation Spoil the Dodge House?" *Architectural Forum*, October 1966, pp. 68-71.

1967 年

"The Function of a Table," *Architectural Design*, April 1967.

"Housing 1863," *Journal of the American Institute of Planners*, May 1967.

"The People' s Architects," *Landscape,* Spring 1967, p. 38. (Review of *The People' s Architects*, ed. H. S. Ransome.)

"Planning the Expo," *Journal of the American Institute of Planners*, July 1967, pp. 268-272.

"Planning the Powder Room," *Journal of the American Institute of Architects*, April 1967, pp. 81-83.

"Teaching Architectural History," *Arts and Architecture*, May 1967.

"Team 10, Perspecta 10, and the Present State of Architectural Theory," *Journal of the American Institute of Planners*, January 1967, pp. 42-50.

1968 年

"The Bicentennial' s Fantasy Stage, *The Philadelphia Evening Bulletin*, March 8, 1968.

"Little Magazines in Architecture and Urbanism," *Journal of The American Institute of Planners*, July 1968, pp. 223-233.

"Mapping the City : Symbols and Systems," *Landscape*, Spring 1968, pp. 22-25. (Review of Passoneau and Wurman, *Urban Atlas*.)

"Taming Megalopolis," *Architectural Design*, November 1968, p. 512. (Review of *Taming Megalopolis*, ed. H. Wentworth Eldridge.)

"Urban Structuring," *Architectural Design*, January 1968, p. 7. (Review of *Urban Structuring ; Studies of Alison and Peter Smithson*.)

"Urbino," *Journal of the American Institute of Planners*, September 1968, pp. 344-346. (Review of Giancarlo de Carlo, *Urbino*.)

1969 年

"On Pop Art, Permissiveness and Planning," *Journal of the American Institute of Planners*, May 1969, pp. 184-186.

1970 年

"Education in the 1970' s-Teaching for an Altered Reality," *Architectural Record*, October 1970.

"On Analysis and Design," unpublished, 1970.

"Reply to Sibyl Moholy-Nagy and Ulrich Franzen," unpublished, September 4, 1970, p. 6. (Co-op City controversy.)

1971 年

"Learning from Pop," and "Reply to Frampton," *Casabella*, 389/360, May-June

1971, pp. 14-46. (Reprinted in *Journal of Popular Culture*, Fall 1973, pp. 387-401.)

1974年

"Evaluation of the Humanities Building at Purchase" (with Elizabeth and Steven Izenour), *Architectural Record*, October 1974, p. 122.

"Giovanni Maria Cosco, 1926-1973," *Rassegna dell' Istituto di Architettura e Urbanistica*, University of Rome, August-December 1974, pp. 127-129.

1975年

"On Formal Analysis as Design Research, With Some Notes on Studio Pedagogy," unpublished, 1975.

"Sexism and the Star System in Architecture," unpublished, 1975.

"Symbols, Signs and Aesthetics : Architectural Taste in a Pluralist Society," unpublished, 1975.

1976年

"House Language" (with Elizabeth Izenour, Missy Maxwell, and Janet Schueren), *American Home*, August 1976. (On "Signs of Life.")

"On Architectural Formalism and Social Concern : A Discourse for Social Planners and Radical Chic Architects," *Oppositions 5*, Summer 1976, pp. 99-112. "Signs of Life : Symbols in the American City" (with Elizabeth Izenour, Steven Izenour, Missy Maxwell, Janet Schueren, and Robert Venturi).

Text for a Bicentennial exhibition, Renwick Gallery, National Collection of Fine Arts, Smithsonian Institution, Washington, D.C., 1976.

Signs of Life : Symbols in the Ameriain City (with Steven Izenour).

New York : Aperture Inc.. 1976, (Exhibition catalog.)

"Suburban Space. Scale and Symbol" (with Elizabeth Izenour, Missy Maxwell, and Janet Schueren), *Via*, University of Pennsylvania, 1976. (Excerpts from "Signs of Life.")

"The Symbolic Architecture of the American Suburb, " in catalog for *Suburban Alternatives : 11 American Projects*, the American Architectural Exhibition for the 1976 Venice Biennale. (Excerpts from "Signs of Life.")

"Zeichen des Lebens. Signes de Vie," *Archithese* 19, 1976.

D. 罗伯特·文丘里与丹尼丝·斯科特·布朗的合著

1968 年

"A Significance for A&P Parking Lots, or Learning from Las Vegas," *Architectural Forum*, March 1968, pp. 37-43ff. Reprinted in Lotus, 1968, pp. 70-91. German translation, *Werk*, April 1969, pp. 256-266.

1969 年

"Learning from Lutyens," *Journal of the Royal Institute of British Architects*, August 1969, pp. 353-354. (Rejoinder to the Smithsons' interpretation of Sir Edwin Lutyens.)

"Mass Communications on the People Freeway, or, Piranesi is Too Easy," *Perspecta 12*, 1969, pp. 49-56. (In conjunction with Bruce Adams; third year studio project at Yale.)

1970 年

"Reply to Pawley- 'Leading from the Rear'," *Architectural Design*, July 1970, pp. 4, 370. (Reply to "Leading from the Rear," *Architectural Design*, January 1970.)

1971 年

"Some Houses of Ill-Repute : A Discourse with Apologia on Recent Houses of Venturi and Rauch," *Perspecta 13/14*, 1971, pp. 259-267.

"Ugly and Ordinary Architecture, or the Decorated Shed," Part I, *Architectural Forum*, November 1971, pp. 64-67, Part II, December 1971, pp. 48-53. (Discussion, January 1972, p. 12.)

"Yale Mathematics Building," unpublished. 1971.

1972 年

Learning from Las Vegas (with Steven Izenour). Cambridge, Mass. : MIT Press, 1972.

1973 年

"Bicentenaire de L' Indépendence Américaine," *L' architecture d' aujourd' hui*, November 1973, pp. 63-69.

1974 年

"Functionalism, Yes, But..." in *Architecture and Urbanism*, November 1974, pp. 33-34, and in *Architecturas Bis*, January 1975, pp. 1-2.

1977 年

Learning from Las Vegas: The Forgotten Symbolism of Architectural Form, revised edition (with Steven Izenour). Cambridge, Mass.: MIT Press, 1977.

E. 丹尼丝·斯科特·布朗与罗伯特·文丘里的合著

1968 年

"On Ducks and Decoration," *Architecture Canada*, October 1968, p. 48.

1969 年

"The Bicentennial Commemoration 1976." *Architectural Forum*, October 1969, pp. 66-69.

"Venturi v. Gowan," *Architectural Design*, January 1969, pp. 31-36.

1970 年

"Co-op City: Learning to Like It," *Progressive Architecture*, February 1970, pp. 64-73.

"The Highway," Philadelphia, Institute of Contemporary Art, 1970. (Text to the catalog for the exhibit by the Institute of Contemporary Art, in collaboration with Rice University and the Akron Art Institute.)

1971 年

Aprendiendo de Todas Las Cosas. Barcelona: Tusquets Editor, 1971. (Compilation of articles; reviews are listed under 1972 in Section A.)

F. 文丘里 – 劳赫事务所其他成员的著作

Carroll, Virginia, Denise Scott Brown, and Robert Venturi, "Levittown et Après," *L' architecture d' aujourd' hui*, no. 163, August-September 1972, pp. 38-42.

Carroll, Virginia, Denise Scott Brown, and Robert Venturi, "Styling, or 'These houses are exactly the same. They just look different.'" *Lotus 9*, 1975. (In Italian and English ; extract from *Learning from Levittown*, a study in progress.)

Hirshorn, Paul, and Steven Izenour, "Learning from Hamburgers : The Architecture of White Towers," *Architecture Plus*, June 1973, pp. 46-55.

Izenour, Steven, "Education in the 1970' s-Teaching for an Altered Reality," *Architectural Record*, October 1970.

Izenour, Steven, "Civic Center Competition for Thousand Oaks, California; Entry by Venturi and Rauch in Association with Steven Izenour and Tony Pett," *Architectural Design*, February 1971, pp. 113-114.

致 谢

第一篇中未致以授权感谢的照片均是由耶鲁大学“向拉斯维加斯学习”工作室的成员和学生们拍摄的。

1. Denise Scott Brown

2. Douglas Southworth

7. Allan D’Arcangelo

8. Glen Hodges

12. Glen Hodges

13. United Aerial Survey

14. Reproduced by permission of Holt, Rinehart and Winston, Publishers, from Peter Blake, *God’s Own Junkyard*. Copyright 1964 by Peter Blake.

15. Robert Venturi

16. Glen Hodges

17. Giovanni Battista Nolli, *Nuova Pianta di Roma Data in Luce da Giambattista Nolli, L’Anno MDCCXL VIII*, Rome, 1748. Plate 19.

18. Landis Aerial Surveys

19, 20. Douglas Southworth

21, 22. Ralph Carlson, Tony Farmer

23. Douglas Southworth

24-27. Ralph Carlson, Tony Farmer

28. Ron Filson, Martha Wagner

29. Ralph Carlson, Tony Farmer

30, 33. Douglas Southworth

36. Las Vegas News Bureau

37-39. Photos from personal file of John F. Cahlan，Las Vegas, Nevada

40. Las Vegas News Bureau

41. Robert Venturi

42，43. Peter Hoyt

44. Las Vegas News Bureau

47-49. Peter Hoyt

51. Caesars Palace, Las Vegas

53. Robert Venturi

55，56. Caesars Palace, Las Vegas

57. Deborah Marum

60. Piranesi, Ron Filson, Martha Wagner

68. Ron Filson, Martha Wagner

69. Robert Venturi

70. Victor Vasarely, Galérie Denise René, Paris

71. Las Vegas Chamber of Commerce

72. Glen Hodges

73. Reproduced by permission of Holt, Rinehart and Winston, Publishers, from Peter Blake's, *God's Own Junkyard*. Copyright 1964 by Peter Blake.

74. Standard Oil Co., New Jersey

75, 76. Robert Venturi

77. Reproduced by permission of Verlag Gerd Hatje GMBH, Stuttgart, from Schwab, *The Architecture of Paul Rudolph*, Robert Perron

78. William Watkins

79. Reproduced by permission of *Progressive Architecture*, May 1967

80. The office of Venturi and Rauch

81. Robert Perron

82-86. William Watkins

87. Robert Venturi

88. Jean Roubier, Paris

90, 91. Learning from Las Vegas studio, Yale University

92. Museo Vaticano, Rome

93, 94. Robert Venturi

95. Chicago Architectural Photo- graphing Company

96. Camera Center, Charlottesville, Virginia, or Dexter Press, Inc., West Nyack, N.Y.

99. Spencer Parsons

100. Reproduced by permission of the Museum of Modern Art, New York; Mies van der Rohe, House with Three Courts, project 1934

102，103. Charles Brickbauer

104-106. Learning from Las Vegas studio, Yale University

107-108. Learning from Levit-town

studio, Yale University

110. Learning from Las Vegas studio, Yale University

111. Denise Scott Brown

112. Bryan and Shear, Ltd

113. Denise Scott Brown

114. Moshe Safdie

115, 116. David Hirsch

117. William Watkins

118. Robert Venturi

119, 120. Reproduced by permission of Architectural Book Publishing Co., from George Nelson, *Industrial Architecture of Albert Kahn*

121. Reproduced by permission of Harvard University Press, Cambridge, from Sigfried Giedion, *Space, Time and Architecture* Moholy-Dessau

122. Reproduced by permission of Architectural Press Ltd., London, from Le Corbusier, *Towards a New Architecture*

124. Reproduced by permission of Architectural Press Ltd., London, from J. M. Richards, *The Functional Tradition in Early Industrial Buildings*, Eric de Mare

125. Peter Kidson, Peter Murray, and Paul Thompson, *A History of English Architecture*, Penguin Books

126. Reproduced by permission of Harvard University Press, Cambridge, from Sigfried Giedion, *Space*, *Time and Architecture*

127. Reproduced by permission of Van Nostrand Reinhold Co., copyright 1967, from Peter Cook, *Architecture*：*Action and Plan*, Tchernikov' s 101 *Fantasies*

128. Reproduced by permission of Doubleday and Co., Inc., from R. Buckminster Fuller, Robert W. Marks, *The Dymaxion World of Buckminster Fuller*, copyright 1960 by R. Buckminster Fuller

130, 131. Reproduced by permission of Van Nostrand Reinhold Co., from G.E. Kidder-Smith, *Italy Builds*

132. Reproduced by permission of Verlag Gerd Hatje GMBH, Stuttgart, from Le Corbusier, *Creation is a Patient Search*

133. Henry-Russell Hitchcock, Jr.

134. Damora

136. George Cserna

137. Hellmuth, Obata and Kassabaum

138. Peter Papademetriou

139. Robert Venturi

140. Denise Scott Brown

141. Reproduced by permission of Van Nostrand Reinhold Co., copyright 1967, from Peter Cook. *Architecture*：*Action and Plan*

142. Learning from Levittown studio, Yale University, Robert Miller

143. Learning from Levittown studio, Yale University, Evan Lanman

144. Learning from Levittown studio, Yale University

145. Las Vegas News Bureau

146. Robert Venturi

图书在版编目（CIP）数据

向拉斯维加斯学习 /（美）罗伯特·文丘里，（美）丹尼丝·斯科特·布朗，（美）史蒂文·艾泽努尔著 ；徐怡芳，王健译. -- 南京 ：江苏凤凰科学技术出版社，2017.9

ISBN 978-7-5537-8548-6

Ⅰ. ①向… Ⅱ. ①罗… ②丹… ③史… ④徐… ⑤王…Ⅲ. ①建筑学 Ⅳ. ①TU-0

中国版本图书馆CIP数据核字(2017)第186204号

江苏省版权局著作权合同登记 图字：10-2015-266号

向拉斯维加斯学习

著　　者　[美] 罗伯特·文丘里 [美] 丹尼丝·斯科特·布朗 [美] 史蒂文·艾泽努尔
译　　者　徐怡芳　王　健
校　　对　王天甍
项目策划　凤凰空间/陈　景
责任编辑　刘屹立　赵　研
特约编辑　陈丽新

出版发行　江苏凤凰科学技术出版社
出版社地址　南京市湖南路1号A楼，邮编：210009
出版社网址　http://www.pspress.cn
总　经　销　天津凤凰空间文化传媒有限公司
总经销网址　http://www.ifengspace.cn
印　　刷　北京建宏印刷有限公司

开　　本　710 mm×1 000 mm　1/16
印　　张　14.5
字　　数　278 000
版　　次　2017年9月第1版
印　　次　2017年9月第1次印刷

标准书号　ISBN 978-7-5537-8548-6
定　　价　48.00元

图书如有印装质量问题，可随时向销售部调换（电话：022-87893668）。